高职高专"十三五"规划教材

基于 Tanner 的集成电路版图设计技术

主　编　刘　畅

副主编　孟祥忠　李宗宝　许　毅

西安电子科技大学出版社

内 容 简 介

本书以 Tanner 版图设计软件为平台，结合企业实际需求，采用项目式的方式进行编写。全书分为三大模块，共 8 章，主要内容包括：集成电路设计前沿技术、CMOS 集成电路版图设计基础、Tanner 的 S-Edit(电路图编辑器)、Tanner 的 L-Edit(版图编辑器)、Tanner 的 T-Spice(仿真编辑器)、CMOS 与非门的版图设计实例、CMOS 或非门的版图设计实例、CMOS 复合逻辑门的版图设计实例。

本书选材合理、文字叙述清楚，可作为高职高专电子、通信类相关专业的教材，也可作为集成电路版图设计人员的参考书，亦可供版图设计培训班的学员作为培训教材来使用。

图书在版编目（CIP）数据

基于 Tanner 的集成电路版图设计技术/刘畅主编. — 西安：西安电子科技大学出版社，2017.9
ISBN 978-7-5606-4632-9

Ⅰ. ① 基… Ⅱ. ① 刘… Ⅲ. ① 集成电路—计算机辅助设计—应用软件 Ⅳ. ① TN402

中国版本图书馆 CIP 数据核字(2017)第 190552 号

策划编辑　高　樱
责任编辑　祝婷婷　阎　彬
出版发行　西安电子科技大学出版社(西安市太白南路 2 号)
电　　话　(029)88242885　88201467　　　邮　　编　710071
网　　址　www.xduph.com　　　　　　电子邮箱　xdupfxb001@163.com
经　　销　新华书店
印刷单位　陕西利达印务有限责任公司
版　　次　2017 年 9 月第 1 版　　2017 年 9 月第 1 次印刷
开　　本　787 毫米×1092 毫米　1/16　印　张　12
字　　数　280 千字
印　　数　1～2000 册
定　　价　23.00 元

ISBN 978-7-5606-4632-9/TN

XDUP 4924001-1

***** 如有印装问题可调换 *****

前　言

集成电路技术是电子信息技术的核心和基础，而集成电路版图设计是集成电路技术不可或缺的一个环节，它搭建了电路设计与集成电路芯片制造之间的桥梁。版图设计工程师为专业版图设计人员，主要负责通过 EDA 设计工具进行集成电路后端的版图设计和验证，最终产生供集成电路制造用的 GDSII 数据。因此，一个优秀的版图设计者，对于集成电路行业来说至关重要。

集成电路版图设计是一门技术，更是一门艺术，它不仅需要版图设计者具有电路原理与工艺制造的基础知识，更需要设计者具有想象力和创造力。对于设计者来说，设计出正确的集成电路版图并不困难，但是要设计出性能高、功耗低、可靠性高的电路版图，就需要通过长期的工作经验和知识的积累以及不断地对集成电路发展前沿技术的关注来实现。

本书采用模块化的教学方式，实行"四个结合"，即：先进性与实用性相结合、系统性与针对性相结合、课堂授课与技能操作相结合、课堂讨论与调查研究相结合，强调案例教学、互动教学、操作能力实训教学，从而使学生学以致用。

全书分为三大部分，共 8 章。第一部分介绍集成电路版图设计前沿技术和 CMOS 集成电路版图设计基础知识；第二部分介绍 Tanner 版图设计软件；第三部分以具体的 CMOS 集成电路版图设计为例，按照现阶段集成电路版图设计的流程，对功能定义、电路设计、版图设计、物理验证、仿真验证等环节进行详细的阐述，并提供详细的操作步骤。在本书最后的附录中还介绍了 Tanner 的常用快捷键。

主编刘畅对本书的编写思路和大纲进行了总体策划，并完成了全书的编写；副主编孟祥忠、李宗宝、许教对本书提出了很多建设性的意见，并审核、校对了全书。在此向为本书出版做出贡献的朋友们一并表示感谢。

由于编者水平有限，加之时间紧迫，书中疏漏之处在所难免，恳请广大读者批评指正。

编　者

2017 年 4 月

目 录

第一部分 理 论 知 识

第二部分　Tanner软件

第一部分

理 论 知 识

第一章　集成电路设计前沿技术

1.1　集成电路发展的现状与趋势

集成电路(IC，Integrated Circuit)是一种微型电子器件或部件，如图 1.1 所示。它是采用一定的工艺，把一个电路中所需的晶体管、电阻、电容和电感等元件及布线互连在一起，制作于一小块(几小块)半导体晶片或介质基片上，然后封装在一个管壳内，成为具有所需电路功能的一种微型电路结构。其中所有元件在结构上已组成一个整体，这便使得电子元件向着微小型化、低功耗、智能化和高可靠性方向迈进了一大步。集成电路的发明者为杰克·基尔比(基于锗(Ge)的集成电路)和罗伯特·诺伊思(基于硅(Si)的集成电路)。当今半导体工业大多数应用的是基于硅的集成电路。

图 1.1　集成电路

目前，以集成电路为核心的电子信息产业超过了以汽车、石油、钢铁为代表的传统工业，跻身世界第一大产业，成为改造和拉动传统产业迈向数字时代的强大引擎和雄厚基石。1999 年，全球集成电路的销售额为 1250 亿美元，而以集成电路为核心的电子信息产业的世界贸易总额约占世界 GNP 的 3%。现代经济发展的数据表明，每 1～2 元集成电路的产值，就带动了 10 元左右电子工业产值的形成，进而带动了 100 元 GDP 的增长。目前，发达国家国民经济总产值增长部分的 65%与集成电路相关；美国国防预算中的电子含量已占据了半壁江山。作为当今世界经济竞争的焦点，拥有自主版权的集成电路已日益成为经济发展的命脉、社会进步的基础、国际竞争的筹码和国家安全的保障。

仙童半导体公司的戈登·摩尔(Gordon Moore)提出了摩尔定律：集成电路的集成度和产品性能每 18 个月增强一倍。据专家预测，今后 20 年左右，集成电路技术及其产品仍将遵循这一规律发展。集成电路最重要的生产过程包括：开发电子设计自动化(EDA，

Electronics Design Automation)的工具，利用 EDA 进行集成电路设计，根据设计结果在硅圆片上加工芯片(主要流程为薄膜制造、曝光和刻蚀)，对加工完毕的芯片进行测试，对芯片进行封装，最后经应用开发将其装备到整机系统上与最终消费者见面。20 世纪 80 年代中期，我国集成电路的加工水平为 5 μm，其后经历了 3 μm、1 μm、0.8 μm、0.5 μm、0.35 μm、90 nm、65 nm、45 nm、32 nm、22 nm 的发展，目前国内大规模生产的主流工艺为 0.18 μm，例如中芯国际集成电路制造有限公司可以提供 0.35 μm 到 90 nm 的制造加工服务，而国际上可以达到 14 nm 的水平甚至更高，例如酷睿 i7 四核的工艺水平为 14 nm。

1.2 集成电路设计行业概况

1.2.1 集成电路设计行业概况介绍

集成电路产业作为现代信息产业的基础和核心产业之一，是关系国民经济和社会发展全局的基础性、先导性和战略性产业，在推动国家经济发展、社会进步，提高人们生活水平以及保障国家安全等方面发挥着广泛而重要的作用，已成为当前国际竞争的焦点和衡量一个国家或地区现代化程度以及综合国力的重要标志。随着国内经济的不断发展以及国家对集成电路行业的大力支持，我国集成电路产业快速发展，产业规模迅速扩大，技术水平显著提升，有力地推动了国家信息化建设。

集成电路设计行业是集成电路行业的子行业，集成电路行业包括集成电路设计业、集成电路制造业、集成电路封装业、集成电路测试业、集成电路加工设备制造业、集成电路材料业等子行业。集成电路设计行业处于产业链的上游，主要根据终端市场的需求设计开发各类芯片产品，兼具技术密集型和资金密集型等特征，对企业的研发水平、技术积累、研发投入、资金实力及产业链整合运作能力等均有较高的要求。

1.2.2 集成电路设计行业的市场分类

集成电路按照应用领域大致分为标准集成电路和专用集成电路。其中，标准集成电路是指应用领域比较广泛、标准型的通用电路，如存储器(DRAM)、微处理器(MPU)及微控制器(MCU)等；专用集成电路是指为某一领域某一专门用途而设计的电路。系统集成电路(SoC)属于专用集成电路。

围绕移动互联网、信息家电、物联网、云计算、智能电网、智能监控等战略性新兴产业和重点领域的应用需求，集成电路涵盖了智能终端芯片、网络通信芯片、信息安全芯片、视频监控设备芯片、数字电视芯片等类型芯片。

1.2.3 我国集成电路设计行业发展情况

我国集成电路设计行业起步较晚，但是发展速度很快，据统计，2004—2014 年这 10 年的年复合增长率达到了 29%。2004—2014 年我国集成电路设计企业销售额及增速如图 1.2 所示。

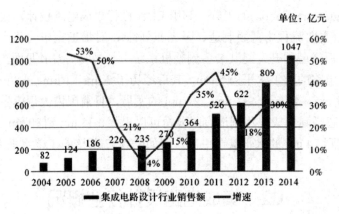

图 1.2　2004—2014 年我国集成电路设计企业销售额及增速

2014 年全球前 25 大集成电路设计企业中，海思、紫光展讯以及大唐微电子位列其中；2015 年全球前十大集成电路设计企业排名中，海思和紫光展讯分别位列第 6 名和第 10 名。相较于 2009 年全球前 50 大集成电路设计企业仅有海思一家企业入围的情况看，我国集成电路设计行业已经逐步形成规模。2015 年全球 Fabless 市场的预计销售收入排名如表 1.1 所示。

表 1.1　2015 年全球 Fabless 市场的预计销售收入排名

单位：百万美元

2015 年排名	厂商	国家/地区	2015 年收入
1	Qualcomm OSR	US	16032
2	Avago/Broadcom	Singapore	13922
3	MTK	Taiwan	6504
4	Nvidia	US	4628
5	AMD	US	3988
6	Hisilicon(海思)	China	3830
7	Apple/TSMC	US	3085
8	Marvell	US	2875
9	Xilinx	US	2175
10	Spreadtrum(紫光展讯)	China	1880
	合计		58919

1.2.4　集成电路设计行业的市场容量和发展前景

集成电路产业是高投入和高回报的产业。2014 年，我国集成电路全产业链整体销售额约合 476 亿美元。据我国半导体行业协会设计分会统计，2015 年我国集成电路设计行业销售收入预计为 1234.16 亿元，同比增长 25.62%。

经过十多年"创芯"发展，国内集成电路产业呈现集聚态势，逐步形成以设计业为龙头、封装测试业为主体、制造业为重点的产业格局。当前，我国已成为全球最大的集成电路应用市场和消费国，需求量超过全球总需求量的 50%。但是，我国在高端微芯片、大容量存储器、汽车电子、通信芯片用 SoC 的标准专用集成电路(ASSP)以及模拟电路等方面基本依靠进口。根据海关总署数据,集成电路多年来一直是我国最大宗进口商品,进口额堪比原油,仅 2014 年全年高达 2307 亿美元。降低集成电路的对外依存度,增强集成电路的自主生产能力,大力推动芯片国产化,已迫在眉睫。因此,我国的集成电路设计行业市场容量巨大、发展空间广阔。

从发展趋势看,以移动互联网、三网融合、物联网、云计算、智能电网、新能源汽车为代表的战略性新兴产业快速发展,成为推动集成电路产业更快发展的新一轮动力。目前,先进技术快速发展,8 英寸(1 英寸 =2.54 厘米)和 12 英寸、40 nm 和 28 nm 工艺技术已被大量采用;特种技术不断涌现,功率驱动器件、传感器集成电路、特种器件等新型集成电路和新型器件层出不穷。大环境下,产业转移趋势明显:国际以及台湾地区集成电路产业加速向我国大陆转移;国内"有聚有分,东进西移",即集成电路设计业向产学研相结合的紧密区域汇聚,芯片制造业向资本充裕地区延展,封装测试业加速向低成本地区转移;在中西部地区,特别是地处产业转移承接重点区域的湖南省,集成电路产业迎来了黄金发展机遇。

1.3　集成电路设计

1.3.1　集成电路设计的特点

集成电路设计的总原则是根据电路功能和性能的要求,在正确选择系统配置、电路形式、器件结构、工艺方案和设计规则的情况下,尽量减小芯片面积、降低设计成本、缩短设计周期,以保证全局优化,设计出满足要求的集成电路。

集成电路设计的最终输出结果是掩膜版图。通过制版和工艺流片可以得到所需要的集成电路。

集成电路设计过程主要包括系统功能设计、逻辑和电路设计以及版图设计等方面。与分立器件组成的电路相比,集成电路设计具有以下特点:

(1) 集成电路对设计正确性提出了更为严格的要求。设计的正确性是 IC 设计中最基本的要求。IC 设计一旦完成并送交制造厂生产后,再发现有任何错误,都需要重新制版、重新流片,这会造成巨大的损失。因此,一定要保证 100% 的设计正确性和可靠性。

(2) 测试问题。集成电路外引出端的数目不可能与芯片内器件的数目同步增加,这就增加了从外引出端检测内部电路功能的难度,加之集成电路内部功能的复杂性,因此在进行集成电路设计时,必须采用便于检测的电路结构,并需要对电路的自检功能进行考虑。

(3) 版图设计问题。布局、布线等版图设计过程是集成电路设计中所特有的。只有最终生成设计版图,通过制作掩膜版、工艺流片,才能真正实现集成电路的各种功能。而布局、布线也是决定电路性能与芯片面积的主要因素之一,尤其对于高速电路和低功耗电路更是如此。

(4) 分层设计和模块化设计相结合。集成电路在一个芯片上集成了成千上万的器件,这些器件既要求相互隔离又要求按一定功能相互连接,而且还需要考虑设计方案、设计验证及设计实现过程中所包含的各方面因素。因此,无论是功能设计、逻辑与电路设计还是版图设计，都不可能把几十万个以上的器件作为一个层次来处理，必须采用分层设计和模块化设计的方法来处理。

所谓分层设计，是指将集成电路设计分为五个层次：行为级设计、RTL 级设计、门级设计、电路级设计和版图级设计，具体内容如图 1.3 所示。

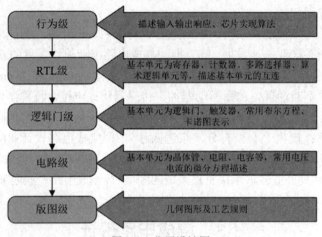

图 1.3 分层设计图

(5) 语言描述和图形描述相结合。随着超大规模集成电路的发展，VHDL(Very High Speed Integrated Circuit Hardware Description Language)和 Verilog 成为 IEEE 的工业标准硬件描述语言。目前大多数 EDA 工具都支持 VHDL，在电子工程领域，VHDL 已成为事实上的通用硬件描述语言。由于 VHDL 语言是一种描述、模拟、综合、优化和布线的标准硬件描述语言，因此它可以使设计成果在设计人员之间方便地进行交流和共享，从而减小硬件电路设计的工作量，缩短开发周期。语言描述与图形描述相结合，可以描述方框图、原理图、状态图、时序波形图等。图形描述的方式直观易懂，将其应用在数字系统集成电路设计中是一个非常重要的手段。

1.3.2 集成电路设计的方法

集成电路的设计，目前主要有全定制设计方法和半定制设计方法两种。

1. 全定制设计方法

全定制设计方法是指根据用户所需功能，按照专用集成电路设计流程，从电路模拟开始，完成整个芯片的版图设计、测试设计的一种设计方法。这种设计的很多工作要由人工完成，不便于直接利用现存电路的成果，设计周期较长，成本也高。但是，人工布图可以更合理地利用芯片面积，使集成度较高，一般比半定制电路芯片面积要小，性能比较理想，很适合批量较大的产品开发。例如，CPU 的设计，如图 1.4 所示。

图 1.4 CPU 的设计

2. 半定制设计方法

(1) 标准单元设计方法：这种方法是指从标准单元库中调用事先经过精心设计的逻辑单元，并排列成行，行间留有可调整的布线通道，再按功能要求将各内部单元以及输入/

输出单元连接起来,形成所需的专用电路。

(2) 积木块设计方法:这种方法可以采用任意形状的单元,而且没有布线通道的概念,单元可以放在芯片的任意位置,因此可以得到更高的布图密度,使布局更紧凑、合理。

(3) 门阵列设计方法:这种方法是一种母片半定制技术。首先在一个芯片上把结构和形状相同的单元排列成阵列形式,每个单元内部包含若干个器件,单元之间留有布线通道,通道宽度和位置固定,并预先完成接触孔和连线以外的所有芯片加工步骤,形成母片;然后根据不同的应用,设计出不同的接触孔板和金属连线板,在单元内部通过不同的连线使单元实现各种门的功能,再通过单元间的连线实现所需的电路功能;最后通过制作接触孔和金属连线掩膜板、工艺流片、封装、测试完成专用集成电路的制造。

(4) 可编程逻辑电路设计方法:这种方法不需要制作掩膜板和进行微电子工艺流片,只需要采用相应的开发工具就可以完成设计。它的设计周期最短,设计开发费用最低。

3. 全定制设计方法与半定制设计方法的异同

全定制设计方法需要设计人员完成所有晶体管和互连线的详细版图;半定制设计方法不是以晶体管为基础开始设计的,而是通过使用已经设计好的子电路来完成整个电路的设计。实际上,半定制设计途径所使用的标准元器件本身也是通过全定制设计方法完成的。

1.3.3　集成电路设计的流程

一个集成电路产品由提出方案到最终投入市场,要经过一系列的流程。

(1) 相关的市场部门对芯片的需求情况进行调研,然后研究产品设计和营销可行性,确定芯片的功能。

(2) 其次,电路设计工程师根据功能需求设计芯片的结构或者行为;仿真工程师对芯片的模块进行验证,以证明芯片结构或行为的合理性,并将结果反馈给电路设计工程师以进行相关的改进。这是一个循环的过程,直到仿真结果证明芯片结构或者行为是合理的,才能进行下一步工作,即确定芯片各模块的结构和门的尺寸,以满足芯片尺寸和结构方面的要求。

(3) 各模块结构和门的尺寸确定以后,由版图设计工程师进行版图设计,并进行验证。验证结果满足需求后还要对整个芯片的版图进行后仿真,以验证版图在时序方面是否满足要求。如果满足时序要求则产生流片所需的数据并交付工厂进行流片生产;否则要对版图进行改进,直到满足时序要求为止。

(4) 当芯片生产出来以后,测试工程师要对芯片进行测试,验证产品是否满足使用要求,并进行相关改进。当最终的结果满足最初的设计要求后,就可以进行大规模的生产并投入市场。

集成电路设计的具体流程如图 1.5 所示。

由集成电路设计流程可以看到,版图设计位于集成电路设计流程中略微靠后的位置。如果将 IC 设计为前端和后端,那么毫

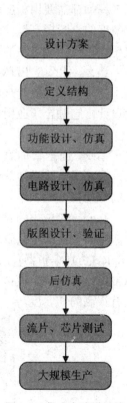

图 1.5　集成电路设计流

无疑问，版图应该属于后端设计部分。

集成电路版图设计是指将电路设计映射为物理描述的过程。从事版图设计的工程人员的主要工作职责是：进行芯片物理结构分析、逻辑分析，建立后端设计流程、进行版图布局布线、版图编辑、版图物理验证，联络代工厂并提交生产数据。作为连接设计与制造的桥梁，合格的版图设计人员既要懂得 IC 设计、版图设计方面的专业知识，还要熟悉制造厂的工作流程、制造原理等相关知识。

版图设计可分为全定制版图设计和自动布局布线设计。全定制版图设计是指首先绘制基本电路的版图，经过验证后再用这些基本电路来组合成大的单元，因此需要一批有着极高技能水平的专业的工程师投入巨大的手工劳动，但是可在面积和功率最小化的同时使性能最大化；自动布局布线是指通过对电路综合产生的门级网表用 EDA 设计工具进行布局布线和物理验证来最终产生可供制造用的 GDSII 数据的过程，其设计的速度要比全定制版图的快，但版图的面积相对较大。总之，不同的设计可以根据需求选择适当的设计方法。

1.4　Tanner EDA 工具简介

用电脑设计集成电路离不开设计软件的支持，这些专用的软件被称为电子设计自动化工具(EDA，Electronic Design Automation)。在集成电路设计的每一个步骤和环节中，设计工程师都需要用相应的 EDA 工具来进行设计。可以说，随着集成电路设计规模和设计复杂度的不断提高以及设计周期的不断缩短，如果没有 EDA 工具的支持，我们将无法完成超大规模集成电路的设计。

那么，什么是 EDA 呢？EDA 技术是在计算机辅助设计(CAD，Computer Aided Design)技术的基础上发展起来的计算机软件系统，是指以计算机为工作平台，进行电子产品的自动设计，它融合了应用电子技术、计算机技术、信息处理及智能化技术的最新成果。

简单地说，利用 EDA 工具，设计工程师可以从功能、算法、结构、协议等开始设计电子系统，而把繁重的计算以及复杂的实现过程交给计算机来执行。EDA 技术的出现，极大地提高了电路设计的效率，缩短了产品的开发周期，降低了设计成本，减轻了设计工程师的劳动强度。

Tanner 集成电路设计软件是由 Tanner Research 公司开发的基于 Windows 平台的用于集成电路设计的工具软件。该软件功能十分强大，易学易用，包括 S-Edit(电路图编辑器)、T-Spice(仿真编辑器)、L-Edit(版图编辑器)、W-Edit 和 LVS，其图标如图 1.6 所示，可以说从电路设计、分析模拟到电路布局一应俱全。其中的 L-Edit 版图编辑器在国内应用广泛，具有很高的知名度。

图 1.6　Tanner 图标

L-Edit Pro 是 Tanner EDA 软件公司所出品的一个 IC 设计和验证的高性能软件系统模

块，具有高效率、交互式等特点，其强大而且完善的功能包括从 IC 设计到输出，以及最后的加工服务，完全可以媲美百万美元级的 IC 设计软件。L-Edit Pro 包括 IC 设计编辑器 (Layout Editor)、自动布线系统(Standard Cell Place & Route)、线上设计规则检查器(DRC)、组件特性提取器(Device Extractor)、设计布局与电路 netlist 的比较器(LVS)、CMOS Library、Marco Library 等，这些模块组成了一个完整的 IC 设计与验证解决方案。L-Edit Pro 丰富完善的功能为每个 IC 设计者和生产商提供了快速、易用、精确的设计系统。

知 识 小 课 堂

　　1947 年 12 月 23 日，美国新泽西州莫雷山的贝尔实验室里，巴丁博士、布莱顿博士和肖克莱博士成功地制造出第一个晶体管，改变了人类的历史。他们在导体电路中正在进行用半导体晶体把声音信号放大的实验。三位科学家惊奇地发现，在他们发明的器件中通过的一部分微量电流，竟然可以控制另一部分流过的大得多的电流，因而产生了放大效应。

　　这个器件，就是在科技史上具有划时代意义的成果——晶体管。这三位科学家因此共同荣获了 1956 年诺贝尔物理学奖。

　　1956 年，当三位发明家荣获诺贝尔奖时，他们的科技成果正阔步走进世界亿万家庭，应用在电视机、收音机、高保真音响等设备里。

　　晶体管促进并带来了"固态革命"，进而推动了全球范围内的半导体电子工业。作为主要部件，它及时、普遍地首先在通信工具方面得到应用，并产生了巨大的经济效益。由于晶体管彻底改变了电子线路的结构，集成电路以及大规模集成电路应运而生，这样，制造像高速电子计算机之类的高精密装置就变成了现实。

贝尔实验室

晶体管

课 后 习 题

一、填空题

1. 集成电路的简称为_____，电子设计自动化的简称为_____。

2. 目前集成电路设计的主流工艺为_____。

3. 集成电路按照应用领域分为_____和_____。

4. 集成电路设计最终输出结果是_____。

5. 集成电路设计分为：_____、_____、_____、_____和_____五个设计层次。

二、简答题

1. 阐述集成电路的概念。

2. 阐述集成电路设计的概念。

3. 阐述集成电路设计的特点。

4. 简述半定制设计方法的分类。

5. 什么是 EDA 技术？

6. 简述版图设计的基本流程。

第二章　CMOS 集成电路版图设计基础

2.1　集成电路制造工艺

集成电路的制造是以硅晶圆(Wafer)为基础的，然后经过一系列生产制造工艺，最终在硅晶圆上制造出所需要的集成电路，如图 2.1 所示。

图 2.1　加工过集成电路的 12 寸硅晶圆

在集成电路设计中，电路原理图、集成电路版图和器件之间是紧密相连的，如图 2.2 所示。集成电路设计工程师首先按照产品的功能要求设计出电路原理图，然后通过 L-Edit 版图编辑器将电路图转变成集成电路版图，最后通过半导体制造工艺技术制造成集成电路芯片，并经过流片、测试、封装这三道程序制备成器件。

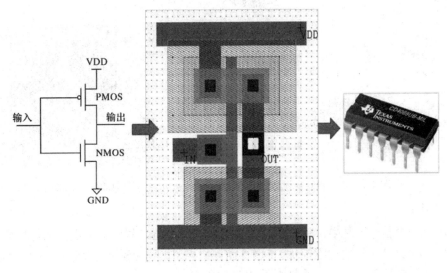

图 2.2　电路原理图、版图和器件的关系

　　集成电路的制造工艺十分复杂，简单地说，就是在衬底材料(如硅衬底)上，运用各种方法形成不同的"层"，并在选定的区域掺入杂质，以改变半导体材料导电性能，形成半导体器件的过程。这个过程需要通过许多步骤才能完成，从硅晶圆片到集成电路成品大约需要经过数百道工序。通过这复杂的一道道工序，就能够在一块微小的芯片上集成成千上万个甚至上亿个晶体管，这就是巧夺天工的集成电路制造工艺。

　　集成电路的制造工艺是由多种单项工艺组合而成的，简单来说主要的单项工艺通常包括三类：薄膜制备工艺、图形转移工艺和掺杂工艺。

　　(1) 薄膜制备工艺：包括氧化工艺和薄膜淀积工艺。该工艺通过生长或淀积的方法，生成集成电路制造过程中所需的各种材料的薄膜，如金属层、绝缘层等。

　　(2) 图形转移工艺：包括光刻工艺和刻蚀工艺。从物理上说，集成电路是由许许多多的半导体元器件组合而成的，对应在硅晶圆片上就是半导体、导体以及各种不同层上的隔离材料的集合。集成电路制造工艺首先将这些结构以图形的形式制作在光刻掩膜版上，然后通过图形转换工艺就能最终转移到硅晶圆片上。

　　(3) 掺杂工艺：包括扩散工艺和离子注入工艺，即通过这些工艺将各种杂质按照设计要求掺杂到硅晶圆片的特定位置上，形成晶体管的源漏端以及欧姆接触(金属与半导体的接触)等。

　　通过一定的顺序对上述单项工艺进行重复、组合使用，就形成集成电路的完整制造工艺了。

　　下面简单介绍一下涉及的半导体工艺。

1. 硅晶圆的制备

　　硅晶圆制备流程如图 2.3 所示。采用直拉法或者悬浮区熔法制备不同尺寸型号的硅单晶锭，经过截断、滚磨、定位、切片、磨片、倒角、抛光、清洗、检测、包装等工序，生产出待加工的硅晶圆，如图 2.4 所示。

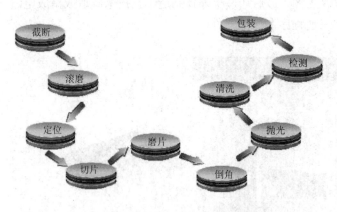

图 2.3　硅晶圆制备流程

图 2.4　待加工的硅晶圆

2. 氧化

　　在集成电路制造工艺中，氧化是一项必不可少的工艺。从广义上说，凡是物质与氧发生化学反应生成氧化物的过程都称为氧化。容易生长出高质量的硅氧化物(即二氧化硅)是半导体硅材料获得普遍应用的重要原因之一。

只要硅暴露在氧气中，就都会形成二氧化硅。但集成电路制造中用到的二氧化硅是高纯度的，需要经过特定的工艺即氧化工艺制备。二氧化硅的生长方法有很多种，如热氧化、热分解淀积、蒸发等。目前常用的工艺是热氧化方法，即硅晶圆片与含氧物质(氧气、水汽等氧化剂)在高温下进行反应从而生成二氧化硅膜。热氧化法的氧化反应发生在硅与二氧化硅交界面处，接触到的杂质少，生成的二氧化硅氧化膜质量较高，因此在集成电路制造中通常使用热氧法生成氧化膜。

根据氧化剂的不同，热氧化法主要分为干氧氧化、水汽氧化和湿氧氧化法三种，其中干氧氧化和湿氧氧化是最常用的方法。干氧氧化采用纯氧作为氧化剂，生成的氧化膜表面干燥、结构致密，光刻时与光刻胶接触良好，但氧化速度慢。湿氧氧化的氧化剂是高纯水的氧气，既含有氧，又含有水汽，氧化速度较快，但生成的氧化膜质量不如干氧氧化。在实际生产过程中，通常采用"干－湿－干"相结合的氧化方式。

3. 淀积

与氧化(如硅的氧化反应生长二氧化硅)不同，"淀积"专指薄膜形成的过程中，并不消耗硅晶圆片或衬底材质本身。

薄膜淀积工艺是一项非常重要的工艺，因为它涵盖了硅晶圆片表面以上部分的所有层的制备和产生，目前已发展为物理气相淀积(PVD)和化学气相淀积(CVD)两个主要的方向。金属的淀积技术通常是物理性质的，属于物理气相淀积；而半导体层和绝缘层的淀积工艺通常属于化学气相淀积。

1) 物理气相淀积

物理气相淀积指的是利用某种物理过程(例如蒸发或溅射过程)来实现物质的转移，即把原子或分子由源转移到衬底表面上，从而淀积形成薄膜。物理气相淀积的整个过程不涉及化学反应，常用的有真空蒸发和溅射两种方法。

真空蒸发法就是在真空室中，把所要蒸发的金属加热到相当高的温度，使其原子或分子获得足够高的能量，脱离金属材料表面的束缚而蒸发到真空中，从而淀积在硅晶圆片表面形成一层薄的金属膜的一种物理层相淀积方法。

溅射法是利用带有电荷的离子在电场中加速后具有一定动能的特点，将离子引向被溅射物质(被淀积的薄膜材料)，轰击被溅射物质使其原子或分子逸出，从而淀积到硅晶圆片上形成薄膜的一种物理气相淀积方法。这个过程就像用石头用力扔向泥浆中会溅出很多泥点落在身上一样。

溅射法具有很多优于真空蒸发法的特点，如可以实现大面积金属膜层的均匀淀积、膜层的厚度可控性好等。

2) 化学气相淀积

化学气相淀积是把含有构成薄膜元素的气态反应剂引入反应室，在硅晶圆表面发生化学反应，从而生成所需的固态薄膜并淀积在其表面。

目前，在芯片制造过程中，大部分所需的薄膜材料，不论是导体、半导体，或是介电材料，都可以用化学气相淀积来制备，如二氧化硅膜、氮化硅膜、多晶硅膜等。化学气相淀积具有淀积温度低，薄膜成分和厚度易控，薄膜厚度与淀积时间成正比，均匀性与重复性好，台阶覆盖好，操作方便等优点。其中淀积温度低和台阶覆盖好对超大规模集成电路的制造十分有利，因此是目前集成电路生产过程中最重要的薄膜淀积方法。目前常用的有常压化学气相淀积、低压化学气相淀积以及等离子体增强化学气相淀积等。

3) 外延生长

从广义上说，外延也属于一种薄膜淀积技术。顾名思义，外延就是"向外延伸"，这是一种特殊的薄膜生长，特指在单晶衬底上生长一层新的单晶，即在一定条件下，在制备好的单晶衬底(硅晶圆片)上，沿其原来晶体的结晶轴方向，生长一层导电类型、电阻率、厚度等都符合要求的新单晶层，称为外延层。

外延技术的应用解决了半导体器件制造中面临的许多矛盾，并已成为制备半导体材料的一种重要方法，也是开拓新材料和新器件的一个重要途径。

根据外延层与衬底的材料是否相同，可以将外延分为同质外延和异质外延，若两者材料相同即为同质外延，反之则为异质外延；根据掺杂浓度的不同，可将其分为正外延和反外延，正外延是指重掺杂衬底上生长轻掺杂的外延，而反外延是在轻掺杂衬底上生长重掺杂的外延。

外延层除了结晶方向与衬底单晶一致外，其他特性均可自主选择，如导电类型、电阻率、厚度等都可以按照新的要求生长。

4. 光刻

光刻工艺能刻蚀出多细的线条将直接影响芯片的集成度。工艺线上能够刻蚀出最细的线条即为该工艺的特征尺寸，它反映了生产线的工艺水平。

光刻工艺的过程非常复杂。在进行光刻时，首先需要通过曝光将光刻掩膜版的图形精确地复制到光刻胶上，然后经过显影后，去掉需要进行进一步加工那部分的光刻胶(即开出窗口)，露出下层的待刻材料，然后在未去除的光刻胶的保护下，对窗口处待刻材料进行刻蚀，得到所需的图形，为下一步工艺如掺杂等做好准备。

通常将整个光刻工艺过程分为底膜处理、涂胶、前烘、曝光、显影、坚膜、刻蚀以及去胶等八个工艺步骤。

5. 刻蚀

光刻和刻蚀是两个不同的加工工艺，但因为这两个工艺只有连续进行才能完成真正意义上的图形转移，而且在工艺线上，这两个工艺经常是放在同一工序，因此，有时也将这两个步骤统称为光刻。

刻蚀就是将涂胶前所淀积的薄膜中没有被光刻胶(经过曝光和显影后)覆盖和保护的部分去除掉，达到将光刻胶上的图形转移到其下层材料上的目的。

刻蚀工艺主要有湿法刻蚀和干法刻蚀。湿法刻蚀是利用液体化学试剂与待刻材料反应生成可溶性化合物，达到刻蚀的目的，是一种纯化学腐蚀，具有优良的选择性，但属于各向同性，因此对线条尺寸控制性差。干法刻蚀是利用等离子体与待刻材料相互作用(物理轰击和化学反应)，从而除去未被光刻胶保护的材料而达到刻蚀的目的。

目前在图形转移中，干法刻蚀占据主导地位。例如，氮化硅、多晶硅、金属以及合金材料等均采用干法刻蚀技术；而二氧化硅采用湿法刻蚀技术，有时金属铝也采用湿法刻蚀技术。

6. 扩散

扩散是一种原子、分子或离子在高温驱动下由高浓度区向低浓度区运动的过程。

一直到 20 世纪 70 年代，杂质掺杂主要是通过高温的扩散方式来完成的，杂质原子通过气相源或掺杂过的氧化物扩散或淀积到硅晶片的表面，这些杂质浓度将从表面到体内单调下降，而杂质分布主要是由高温与扩散时间来决定的。

在早期制作晶体管和集成电路时，一般由杂质源提供扩散到硅晶圆片中的离子，并通过提高硅晶圆片的温度(900℃～1200℃)使离子扩散到所需深度。杂质源通常是气体、液体或是固体。扩散的目的是为了控制杂质浓度、均匀性和重复性以及批量生产器件，降低生产成本。

扩散的方法有很多，如液态源扩散、固态源扩散以及固－固扩散等。

7. 离子注入

相比扩散法而言，离子注入法具有加工温度低、可均匀大面积注入杂质、易于控制等优点，它已成为超大规模集成电路不可缺少的掺杂工艺。

离子是原子或分子经过离子化后形成的，它带有一定量的电荷。离子注入工艺就是在真空系统中，通过电场对离子进行加速，并利用磁场使其运动方向改变，从而控制离子以一定的能量注入硅晶圆片内部，从而在所选择的区域形成一个具有特殊性质的表面层(即注入层)，达到掺杂的目的。

2.2　CMOS 制造工艺

CMOS 工艺是在 PMOS 和 NMOS 工艺基础上发展起来的。CMOS 中的 C 表示"互补"，即将 NMOS 器件和 PMOS 器件同时制作在同一硅衬底上，制作 CMOS 集成电路。CMOS 集成电路具有功耗低、速度快、抗干扰能力强、集成度高等众多优点。CMOS 工艺目前已成为当前大规模集成电路的主流工艺技术，绝大部分集成电路都是用 CMOS 工艺制造的。

CMOS 电路中既包含 NMOS 晶体管也包含 PMOS 晶体管，NMOS 晶体管是做在 P 型硅衬底上的，而 PMOS 晶体管是做在 N 型硅衬底上的，要将两种晶体管都做在同一个硅衬底上，就需要在硅衬底上制作一块反型区域，该区域被称为"阱"。根据阱的不同，CMOS 工艺分为 P 阱 CMOS 工艺、N 阱 CMOS 工艺以及双阱 CMOS 工艺。其中 N 阱 CMOS 工艺由于工艺简单、电路性能较 P 阱 CMOS 工艺更优，从而获得广泛的应用。

以 N 阱的 CMOS 反相器为例，一般的工艺流程图如图 2.5 所示。

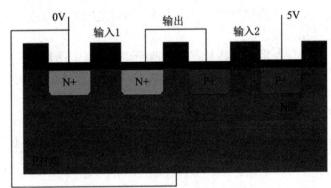

图 2.5　CMOS 的一般工艺流程

我们使用 N 阱 CMOS 工艺来制作一个 CMOS 反相器，其工艺流程如下：

第一版：光刻 N 阱。首先在 P 型硅衬底上生长一层氧化层，涂上曝光可溶的光刻胶，使用 1 号掩膜版，经过曝光、显影后，确定出 N 阱的扩散区域，之后腐蚀掉该区域的氧化层，进行 N+ 杂质的注入，形成 N 阱(用于 PMOS 晶体管)；然后重新生长薄氧和氮化硅层。

第二版：光刻有源区。使用 2 号掩膜版确定场氧的区域，以及 PMOS、NMOS 晶体管的有源区(即源、栅、漏区)，然后刻蚀掉场氧区域的氮化硅，再次氧化来形成场氧(其作用是隔离 NMOS 和 PMOS)，以及重新生长高质量的薄氧化层(即栅氧)。

第三版：淀积和光刻多晶硅栅。淀积多晶硅，然后使用 3 号掩膜版，对多晶硅进行光刻，留下作为栅极的多晶硅，形成 CMOS 反相器的输入栅极(PMOS、NMOS 晶体管的栅极连接在一起形成输入栅极)。

第四版：P+离子掺杂掩膜版。使用 4 号掩膜版，进行 P+ 离子的注入，形成 PMOS 晶体管的有源区和 NMOS 晶体管的衬底接触(该衬底接触是 P 型的，用于给 NMOS 晶体管的衬底接相应电位)。

第五版：N+离子掺杂掩膜版。使用 5 号掩膜版(即 4 号掩膜版的负版)，进行 N+ 离子的注入，形成 NMOS 晶体管的有源区和 PMOS 晶体管的衬底接触(该衬底接触是 N 型的，用于给 N 阱接相应电位)；然后生长氧化层。

第六版：光刻接触孔掩膜版。使用 6 号掩膜版，光刻出接触孔的位置，然后腐蚀接触孔的氧化层，再经过蒸铝形成晶体管源漏栅以及多晶硅栅的欧姆接触。

第七版：光刻金属掩膜版。使用 7 号掩膜版将不需要的铝刻除，将 PMOS、NMOS 晶体管的漏区相连，形成 CMOS 反相器的输出。将两个晶体管的栅极引出，作为输入，并将两者的源区和衬底连接形成衬底接触。

第八版：光刻钝化层掩膜版。淀积一层钝化保护层，使用 8 号掩膜版光刻钝化层，仅留下输入、输出、电源和地相应的接触孔，作为信号引出。

2.3　版图设计的概念和方法

2.3.1　版图设计的概念

版图是包含集成电路的器件类型、器件尺寸、器件之间的相对位置以及器件之间的连接关系等相关物理信息的图形。

集成电路生产厂商就是根据这些数据来制造掩膜版的。版图设计是集成电路设计和物理制造的中间环节，其主要目的是将设计好的电路映射到硅晶圆上进行生产。

2.3.2　版图设计的方法

版图设计在集成电路设计流程中位于后端，它是集成电路设计的最终目标，版图设计的优劣直接关系到芯片的工作速度和面积，因此版图设计在集成电路设计中起着非常重要的作用。

1. 版图设计的主要目标

(1) 满足电路功能、性能指标、质量要求；

(2) 尽可能节省面积，提高集成度，降低成本；

(3) 尽可能缩短连线以减少复杂度，缩短延时，改善可靠性。

2. 版图设计的主要内容

(1) 布局：安排各个晶体管、基本单元、复杂单元在芯片上的位置；

(2) 布线：设计走线，实现晶体管间、逻辑门间、单元间的互连；

(3) 尺寸确定：确定晶体管的尺寸(W/L)、互连尺寸(连线宽度)以及晶体管与互连之间的相对尺寸等。

版图设计方法的一般流程如图 2.6 所示。作为一个版图设计工程师，首先要在版图设计之前，做好一定的准备工具，例如选择合适的 EDA 工具以及标准单元库，然后根据集成电路的功能与性能指标，设计电路原理图，并确定器件之间的连接关系，确定电路布局；接着估计电路的寄生电容，从而确定晶体管的初始尺寸，即晶体管的宽长比(W/L)；最后对掩膜版图进行设计，并进行设计规则检查，如果验证有错误，继续调整掩膜版图的尺寸、间距等问题，直到验证成功为止，提取网表文件，并进行仿真分析验证，进行时序分析，如果有错误，继续调整掩膜版图的互连等问题，并重新绘制掩膜版图，重复设计规则检查、提取网表文件、仿真分析验证，直到满足集成电路的功能与性能指标；版图设计完成，提取输出数据 GDSII 文件，就可以交付集成电路生产厂商进行流片生产。

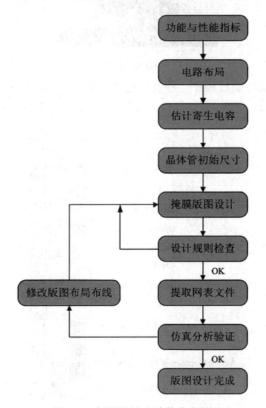

图 2.6 版图设计方法的流程图

2.4　版图的绘图层

　　集成电路设计的最终结果是掩膜版图设计，即版图设计。那么什么是版图设计呢？它是根据电路功能和性能要求，在一定的工艺条件下，按照版图设计有关规则约定，设计出电路中各种元件的图形并进行排列互连，从而设计出一套供集成电路制造工艺中使用的光刻掩膜版图，实现集成电路设计的最终输出。而集成电路版图设计者的任务就是创建芯片各个部分的掩膜版图，因此在设计前，必须要对绘图层有充分的了解。

　　我们知道，不同的工艺在 L-Edit 中应该对应不同的绘图层。下面以 CMOS 反相器的版图绘制为例进行讲解，如图 2.7 所示。

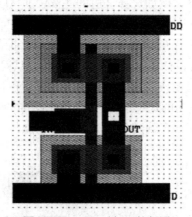

图 2.7　CMOS 反相器的版图

　　在绘制 CMOS 反相器的过程中，涉及的绘图层？如图 2.8 所示，我们可以从三个角度去学会它：① 英语、② 颜色、③ 位置，选择一种最适合自己的就是最好的。

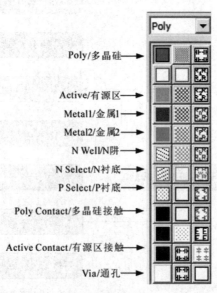

图 2.8　绘图层

绘图层包括：Poly(多晶硅)、Active(有源区)、Metal1(金属 1)、Metal2(金属 2)、N Well(N 阱)、N Select(N 衬底)、P Select(P 衬底)、Poly Contact(多晶硅接触)、Active Contact(有源区接触)、Via(通孔)。我们在绘制版图的过程当中，就像立交桥一样是一层一层来绘制的。

选择绘图层，可以通过单击图标或者选择下拉菜单栏两种方式。

(1) 多晶硅。在集成电路中，MOS 晶体管的栅极通常用多晶硅来进行淀积，而且多晶硅还可以用来进行互连，跟金属一样可以用来产生电阻，但是由于多晶硅的电阻比较大而金属的电阻比较小，因此，金属可以进行任何互连，但是多晶硅仅用于 MOS 晶体管栅极之间的互连，尽量缩短走线，以免电阻过大。

(2) 有源区。MOS 晶体管的源区和漏区通常由有源区来实现，而 MOS 晶体管的源极和漏极通常用金属来进行淀积。

(3) 金属。金属通常用来进行集成电路互连。一般情况下，金属层数能够反映集成电路芯片的复杂程度。为了满足日益复杂的集成电路芯片的设计要求，在版图设计过程中，越来越多的金属层用于版图的绘制，就像立交桥一样，这样不仅可以保证集成电路的性能，而且使芯片面积可以越来越小。相同的金属层可以直接进行互连，而不同的金属层之间可以通过通孔来实现互连。

金属不仅可以进行互连，而且可以用来进行电源线和地线的绘制。注意，在绘制电源线和地线的时候，金属层的宽度通常要大于 DRC 设计规则中定义的最小尺寸，以防止电流过大将金属线熔断，造成断路的现象。

(4) N 阱。目前市场上的硅晶圆都是 P 衬底的，我们首先要将硅晶圆进行氧化隔离，然后开窗口。在 P 衬底上我们可以直接形成 NMOS，但是 PMOS 的形成怎么办呢？就需要人为的做一个 N 阱，将磷离子注入，形成制造 PMOS 器件所需要的 N 阱。在版图绘制过程中，通过 N 阱层来实现 N 阱的绘制。

(5) N 衬底和 P 衬底。MOS 晶体管的有源区是通过将 N 型杂质(+5 价的磷离子)或者 P 型杂质(+3 价的硼离子)注入 N 衬底或 P 衬底层形成的。所以，通过 N 衬底和 P 衬底来覆盖有源区。

(6) 多晶硅接触孔。多晶硅接触孔用来进行多晶硅层和金属层的互连，如图 2.9 所示。多晶硅接触孔的 DRC 设计规则尺寸通常为 2 × 2 个单位的正方形。

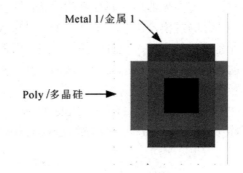

图 2.9　多晶硅接触孔

(7) 有源区接触孔。有源区接触孔用来进行有源区层和金属层的互连，如图 2.10 所示。有源区接触孔的 DRC 设计规则尺寸通常为 2 × 2 个单位的正方形。

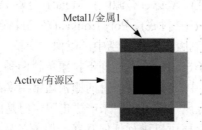

图 2.10　有源区接触孔

(8) 通孔。通孔用来进行金属层和金属层的互连，如图 2.11 所示。通孔的 DRC 设计规则尺寸通常为 2×2 个单位的正方形。

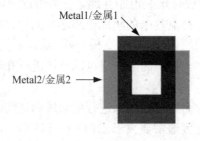

图 2.11　通孔

2.5　版图设计规则

版图设计规则，即对用特定工艺制造电路的物理掩膜版图，都必须遵循一系列几何图形排列的规则。版图设计由于器件的物理特性和工艺的限制，芯片上物理层的尺寸必须遵守特定的规则。这些规则通常规定芯片上诸如金属、多晶硅、有源区、接触孔等绘图层的互连和布局规则。制定设计规则的主要目的是为了在制造时能用最小的硅片面积达到较高的成品率和电路可靠性。

工程师在绘制版图的时候一定要做非常认真仔细的检查，即便是这样还会存在这样那样的问题。尤其是目前对于芯片的规模及工艺复杂度来说，只靠版图设计师人工的检查来排除掉所有的错误是一件非常困难的事情。况且，任何一点细微的错误都会造成整个芯片的失效，从而付出的昂贵的代价。因此，版图设计完成后，还需要一系列的检查和验证，来证明设计出的集成电路版图可以进行流片生产。

版图验证包括：设计规则检查(DRC，Design Rule Check)、电学规则检查(ERC，Electronic Rule Check)、电路图与版图一致性检查 LVS(Layout Versus Schematic)。

1. DRC 规则验证

DRC 规则验证：是几何设计规则验证，对 IC 版图做几何空间检查，以确保线路能够被特定的工艺加工实现。版图设计的工程师，在绘制版图之前，都会研究并确定该集成电路芯片所采用的工艺，然后调研并联系生产工艺厂商，根据生产工艺厂商提供的设计规则，我们就可以开始进行版图绘制了。设计规则保证了芯片的可制造性，保证了我们版图中所画的图形在该工艺中都是可实现的，同时也可以保证较高的成品率以提高我们产品的利润。因此我们在版图绘制完成后，首先要进行 DRC 规则验证。

选择命令 Tools→DRC，在运行的过程中，可以看到被检查单元的名字、使用设计规则文件的名字、当前正在检查的设计规则的名字、使用时间、估计要做完全部检查所剩余的时间以及已经完成的设计规则检查数量。运行结束后，对每一个检查出来的错误，会将出错的规则名、错误总数和被检查单元的名字全部列在 DRC 错误导航窗口中，如图 2.12 所示。

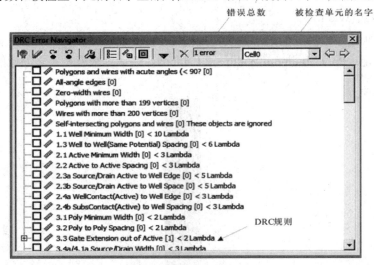

图 2.12　DRC 错误导航窗口

在错误导航中，找到 DRC 错误的规则，打开模型树，进行双击，就会将 DRC 错误标记在版图中，如图 2.13 所示。关闭错误导航窗口，并根据 DRC 规则文件进行修改版图即可。重新进行 DRC 验证，直到没有任何错误为止。

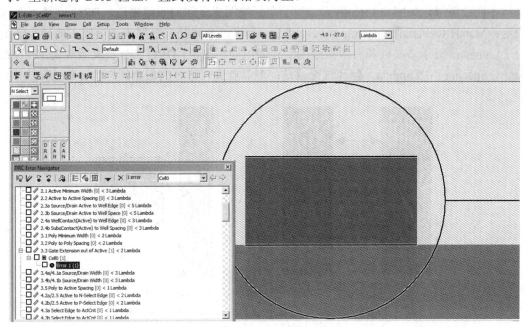

图 2.13　标记 DRC 错误

　　基本设计规则主要包括：线宽规则(Width)、间距规则(Spacing)、交叠规则(Overlap)、围绕规则(Enclosure)、伸出规则(Extension)。

　　设计规则通常有两种表示方法：一种是以 λ(Lambda)为单位的设计规则，另一种是以 μm 为单位的设计规则。

　　以 λ 为单位的设计规则是把尺寸定义为 λ 的倍数，λ 的取值由工艺决定。下面主要介绍以 λ 为单位的设计规则。

　　1) 线宽规则(Width)

　　线宽规则规定了绘图层的最小宽度，如图 2.14 所示。对于多晶硅绘图层来说，DRC 文件英文版规定：Poly Minimum Width < 2 Lambda，翻译过来就是：多晶硅的最小宽度为 2 Lambda。

图 2.14　线宽规则

　　2) 间距规则(Spacing)

　　间距规则规定了绘图层之间的最小距离，可以指同一绘图层，如图 2.15(a)所示；也可以指不同绘图层，如图 2.15(b)所示。对于金属绘图层之间的间距来说，DRC 文件英文版规定：Metal1 to Metal1 Spacing < 3 Lambda，翻译过来就是：金属 1 到金属 1 的最小间距为 3 Lambda。对于多晶硅和有源区绘图层之间的间距来说，DRC 文件英文版规定：Poly to Active Spacing < 1 Lambda，翻译过来就是：多晶硅到有源区的最小间距为 1 Lambda。

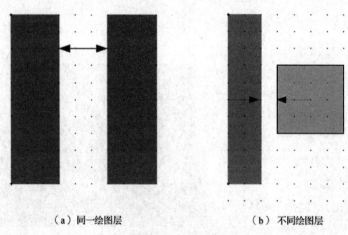

（a）同一绘图层　　　　　　　　（b）不同绘图层

图 2.15　间距规则

3) 交叠规则(Overlap)

交叠有两种形式：一种是几何图形内边界到另一图形内边界的长度(Overlap)，另一种是几何图形外边界到另一图形内边界的长度(Enclosure)，如图 2.16 所示。

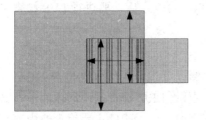 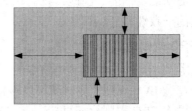

图 2.16　交叠规则

对于多晶硅绘图层包围多晶硅接触孔绘图层来说，DRC 文件英文版规定：Field Poly Overlap of Polycnt < 1.5 Lambda，翻译过来就是：多晶硅交叠多晶硅接触孔的最小距离为 1.5 Lambda，如图 2.17 所示。

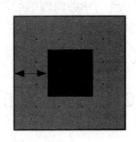

图 2.17　多晶硅交叠多晶硅接触孔

4) 伸出规则(Extension)

伸出规则规定了绘图层伸出另外一种绘图层边界的距离，如图 2.18 所示。对于多晶硅绘图层伸出有源区绘图层来说，DRC 文件英文版规定：Gate Extension out of Active < 2 Lambda，翻译过来就是：多晶硅伸出有源区的最小距离为 2 Lambda。

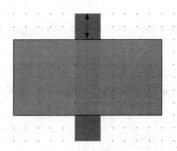

图 2.18　伸出规则

最简单的设计规则包括几个图形或者几何图形之间的线宽、间距、交叠、围绕、伸出，具体的设计规则定义取决于流片的芯片制造厂提供的规范。

2. LVS 规则验证

LVS 规则验证：是电路图与版图一致性检查，即用 LVS 比较器来比较版图与电路图所表述的电路是否相同。采用 S-Edit 画的电路图是做过仿真分析的，能够保证功能及性能的正确，但是最终我们画的版图是要送到工厂进行流片的，所以我们必须保证版图中的器件类型、尺寸及连接关系与电路图是完全一致的，这样我们做出来的芯片才能够保证与电路图有一样的功能及性能。因此，我们在版图的 DRC 检查之后，要进行 LVS 检查来保证版图与电路的一致性。

3. ERC 规则验证

ERC 规则验证：主要检测电路中的节点连接错误并进行天线规则检查。由于许多节点连接错误在做 LVS 规则检测时就可以被检查到，因此 ERC 检查是可选项而不是必选项，有时候可以将 ERC 规则检查直接嵌入在 DRC 规则检查中。ERC 主要检查的内容有以下五种：① 天线规则检查。② 非法器件检查。③ 节点开路。④ 节点短路。⑤ 孤立接触孔。

版图绘制要根据一定的设计规则来进行，也就是说一定要通过 DRC 检查。编辑好的版图通过了设计规则的检查后，有可能还有错误，这些错误不是由于违反了设计规则，而是可能与实际线路图不一致造成的。例如，版图中少连接了一条金属线，就会对整个集成电路芯片造成致命的问题。因此，没有 DRC 问题的版图还要通过 LVS 验证。编辑好的版图通过寄生参数提取程序来提取出电路的寄生参数，电路仿真程序可以调用这个数据来进行后仿真。

2.6 CMOS 晶体管的版图

2.6.1 NMOS 晶体管的版图设计

使用 L-Edit 画 NMOS 晶体管的具体步骤如下。

(1) 打开 L-Edit 程序，选择快捷键 ▨。

(2) 另存为新文件：选择 File→Save As 命令，如图 2.19 所示。打开对话框"另存为"，在"保存在"下拉列表框中选择存储目录，在"文件名"文本框中输入新文件的名称，例如 nmos.tdb。

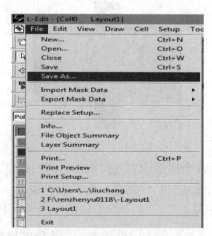

图 2.19 创建 NMOS 新文件

(3) 代替设定：选择 File→Replace Setup 命令，如图 2.20 所示。单击弹出对话框 From file 下拉列表右侧的 Browser 按钮，选择 D：\Tanner EDA\L-Edit 11.1\samples\spr\example1\lights.tdb 文件，如图 2.21 所示，再单击"OK"按钮。

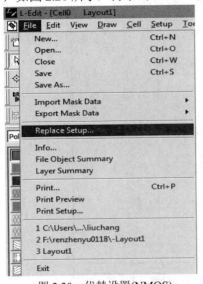

图 2.20　代替设置(NMOS)

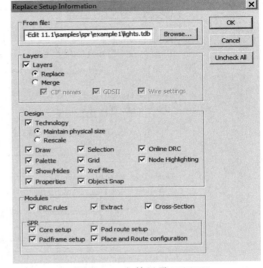

图 2.21　文件目录(NMOS)

接下来会出现一个警告对话框，如图 2.22 所示。单击"确定"按钮，就可以将 lights.tdb 文件的设定选择性应用在目前编辑的文件中，包括格点设定、绘图层设定等。

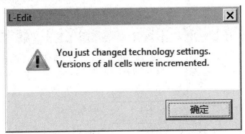

图 2.22　警告对话框(NMOS)

(4) 设计环境设定：绘制布局图必须要有确实的大小，因此在绘图前先要确定或设定坐标与实际长度的关系。选择 Setup→Design 命令，如图 2.23 所示，打开 Setup Design 对话框，在 Technology 选项卡中包含使用技术的名称、单位与设定，具体的设定值如图 2.24 所示。

图 2.23　环境设定(NMOS)

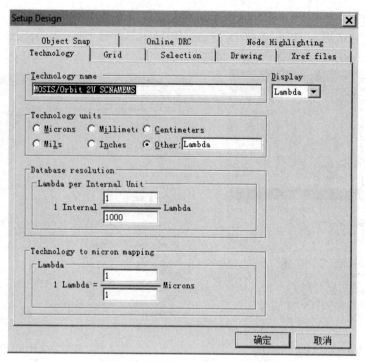

图 2.24　Technology 选项卡(NMOS)

在 Grid 选项卡中可进行格点显示设定、鼠标停格设定与坐标单位设定，如图 2.25 所示。

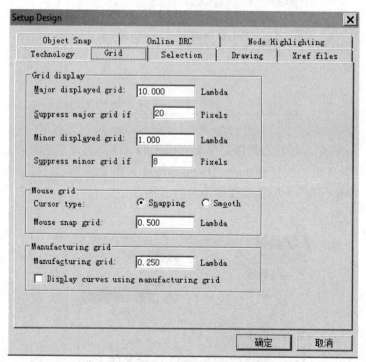

图 2.25　Grid 选项卡(NMOS)

在 Major display grid 中设定值为 10，即设定显示的主要格点间距等于 10 个 Lambda；

在 Suppress major grid if 中设定值为 20，即文本框中设定当格点距离小于 20 个像素点时不显示；在 Minor displayed grid 中设定值为 1，即设定显示的小格点间距等于 1 个 Lambda；在 Suppress minor grid if 中设定值为 8，即文本框中设定当格点距离小于 8 个像素时不显示；在 Cursor type 中勾选 Snapping，即设定鼠标光标显示为 Snapping；在 Mouse snap grid 中设定值为 0.5，即设定鼠标锁定的格点为 0.5 个 Lambda；在 Manufacturing grid 中设定值为 0.25，即设定制造网格为 0.25 个 Lambda。

(5) 绘制 Poly 图层：L-Edit 的 Poly 绘图层是定义生长多晶硅的。根据 DRC 规则，Poly 绘图层的最小宽度为 2 个 Lambda。在绘图层中单击 Poly 快捷键，选择 Drawing 绘图工具快捷键，在编辑窗口绘制出 2×10 个 Lambda 的版图，如图 2.26 所示。

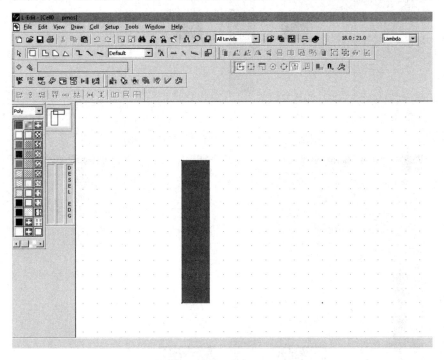

图 2.26 Poly 绘图层(NMOS)

(6) 绘制 Active Contact 图层：NMOS 的源极区和漏极区作为源极和漏极要接上电极，才能在其上加入偏压。各器件之间的信号传递，也要靠金属线进行互连，最底层是金属层以 Metal1 绘图层表示。在金属层制作之前，器件会被沉积上一层绝缘层，为了让金属能接触至扩散区，漏极和源极必须在绝缘层上刻蚀出一个接触孔，以 L-Edit 的 Active Contact 绘图层定义接触孔。根据 DRC 规则，Active Contact 绘图层的尺寸为 2×2 个 Lambda。在绘图层中单击 Active Contact 快捷键，选择 Drawing 绘图工具快捷键，在编辑窗口绘制出 2×2 个 Lambda 的版图，如图 2.27 所示。

(7) 绘制 Metal1 图层：NMOS 的源极和漏极要接上电极，才能在其上加入偏压。各器件之间的信号传递，也要靠金属线进行互连，以 L-Edit 的 Metal1 绘图层定义金属线。根据 DRC 规则，Metal1 绘图层的最小宽度为 3 个 Lambda，并且要包围 Active Contact 绘图层最小 1 个 Lambda。在绘图层中单击 Metal1 快捷键，选择 Drawing 绘图工具快捷键，在编辑窗口绘制出 4×4 个 Lambda 的版图，如图 2.28 所示。

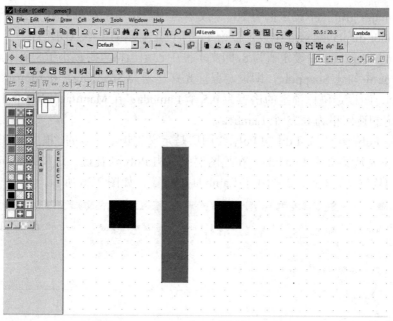

图 2.27　Active Contact 绘图层(NMOS)

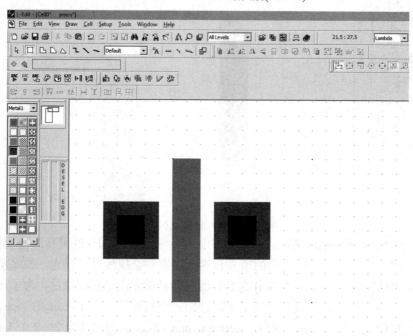

图 2.28　Metal1 绘图层(NMOS)

(8) 绘制 Active 图层：L-Edit 的 Active 绘图层是定义 NMOS 的范围，Active 以外的地方是厚氧化层区，但是需要注意的是：NMOS 的 Active 绘图层一定要画在 N Select 绘图层内部。根据 DRC 规则，Active 绘图层的最小宽度为 3 个 Lambda，并且要包围 Active Contact 绘图层最小 3 个 Lambda。在绘图层中单击 Active 快捷键，选择 Drawing 绘图工具快捷键，在编辑窗口绘制出 6×14 个 Lambda 的版图，如图 2.29 所示。

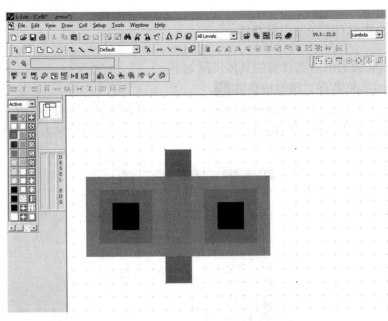

图 2.29　Active 绘图层(NMOS)

(9) 绘制 N Select 图层：绘制完 Active 绘图层之后，需要绘制 N Select 与 Active 绘图层重叠，L-Edit 的 N Select 绘图层是定义 N 型衬底的范围，但是需要注意的是：NMOS 的 N Select 绘图层一定要画在 Active 绘图层外部。根据 DRC 规则，N Select 绘图层要包围 Active 绘图层最小 2 个 Lambda。在绘图层中单击 N Select 快捷键，选择 Drawing 绘图工具快捷键，在编辑窗口绘制出 10 × 18 个 Lambda 的版图，如图 2.30 所示。

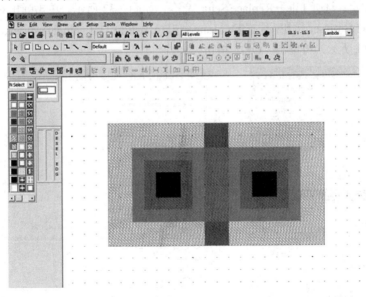

图 2.30　NMOS 版图

NMOS 晶体管的版图设计完成之后，单击"保存"按钮，并选择 Tools→DRC 菜单命令，运行 DRC 规则验证，如果出现错误，修改版图编辑，直至 DRC 验证 0 errors(没有错误)为止。

2.6.2　PMOS 晶体管的版图设计

使用 L-Edit 画 PMOS 晶体管的具体步骤如下。

(1) 打开 L-Edit 程序，选择快捷键 。

(2) 另存为新文件：选择 File→Save As 命令，如图 2.31 所示。打开对话框"另存为"，在"保存在"下拉列表框中选择存储目录，在"文件名"文本框中输入新文件的名称，例如 pmos.tdb。

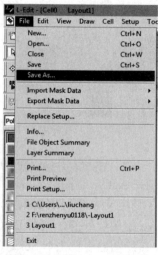

图 2.31　创建 PMOS 新文件

(3) 代替设定：选择 File→Replace Setup 命令，如图 2.32 所示。单击弹出对话框 From file 下拉列表右侧的 Browser 按钮，选择 D:\Tanner EDA\L-Edit 11.1\samples\spr\example1\lights.tdb 文件，如图 2.33 所示，再单击"OK"按钮。

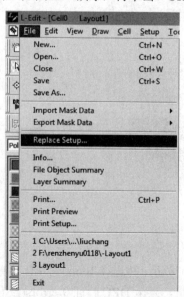

图 2.32　代替设置(PMOS)

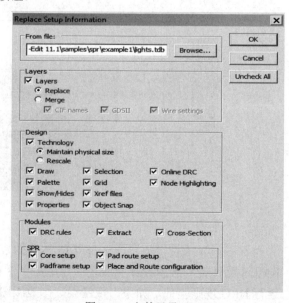

图 2.33　文件目录(PMOS)

接下来会出现一个警告对话框，如图 2.34 所示。单击"确定"按钮，就可以将 lights.tdb 文件的设定选择性应用在目前编辑的文件中，包括格点设定、绘图层设定等。

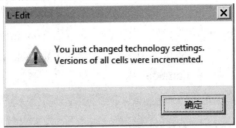

图 2.34　警告对话框(PMOS)

(4) 设计环境设定：绘制布局图必须要有确实的大小，因此在绘图前先要确定或设定坐标与实际长度的关系。选择 Setup→Design 命令，如图 2.35 所示，打开 Setup Design 对话框，在 Technology 选项卡中包含使用技术的名称、单位与设定，具体的设定值如图 2.36 所示。

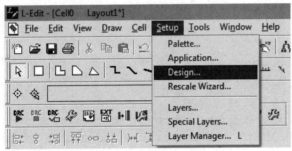

图 2.35　环境设定(PMOS)

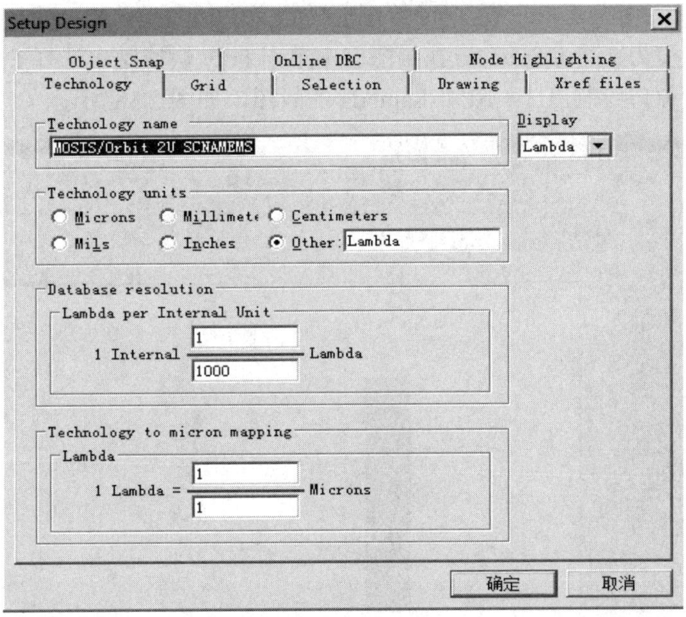

图 2.36　Technology 选项卡(PMOS)

在 Grid 选项卡中可进行格点显示设定、鼠标停格设定与坐标单位设定，如图 2.37 所示：在 Major display grid 中设定值为 10，即设定显示的主要格点间距等于 10 个 Lambda；

在 Suppress major grid if 中设定值为 20，即文本框中设定当格点距离小于 20 个像素点时不显示；在 Minor displayed grid 中设定值为 1，即设定显示的小格点间距等于 1 个 Lambda；在 Suppress minor grid if 中设定值为 8，即文本框中设定当格点距离小于 8 个像素时不显示；在 Cursor type 中勾选 Snapping，即设定鼠标光标显示为 Snapping；在 Mouse snap grid 中设定值为 0.5，即设定鼠标锁定的格点为 0.5 个 Lambda；在 Manufacturing grid 中设定值为 0.25，即设定制造网格为 0.25 个 Lambda。

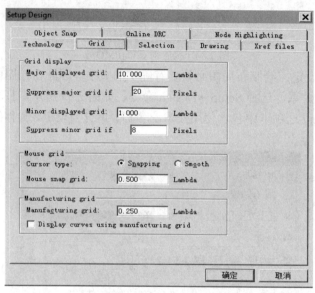

图 2.37　Grid 选项卡(PMOS)

　　(5) 绘制 Poly 图层：L-Edit 的 Poly 绘图层是定义生长多晶硅的。根据 DRC 规则，Poly 绘图层的最小宽度为 2 个 Lambda。在绘图层中单击 Poly 快捷键，选择 Drawing 绘图工具快捷键，在编辑窗口绘制出 2×10 个 Lambda 的版图，如图 2.38 所示。

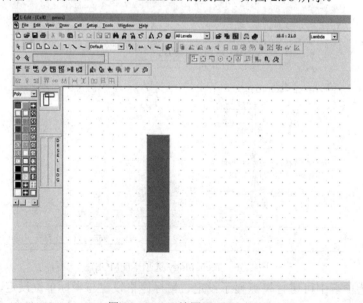

图 2.38　Poly 绘图层(PMOS)

(6) 绘制 Active Contact 图层：PMOS 的源极区和漏极区作为源极和漏极要接上电极，才能在其上加入偏压。各器件之间的信号传递，也要靠金属线进行互连，最底层是金属层以 Metal1 绘图层表示。在金属层制作之前，器件会被沉积上一层绝缘层，为了让金属能接触至扩散区，漏极和源极必须在绝缘层上刻蚀出一个接触孔，以 L-Edit 的 Active Contact 绘图层定义接触孔。根据 DRC 规则，Active Contact 绘图层的尺寸为 2×2 个 Lambda。在绘图层中单击 Active Contact 快捷键，选择 Drawing 绘图工具快捷键，在编辑窗口绘制出 2×2 个 Lambda 的版图，如图 2.39 所示。

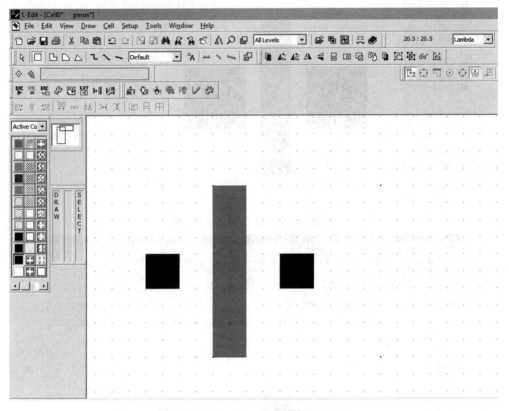

图 2.39　Active Contact 绘图层(PMOS)

(7) 绘制 Metal1 图层：PMOS 的源极和漏极要接上电极，才能在其上加入偏压。各器件之间的信号传递，也要靠金属线进行互连，以 L-Edit 的 Metal1 绘图层定义金属线。根据 DRC 规则，Metal1 绘图层的最小宽度为 3 个 Lambda，并且要包围 Active Contact 绘图层最小 1 个 Lambda。在绘图层中单击 Metal1 快捷键，选择 Drawing 绘图工具快捷键，在编辑窗口绘制出 4×4 个 Lambda 的版图，如图 2.40 所示。

(8) 绘制 Active 图层：L-Edit 的 Active 绘图层是定义 PMOS 的范围，Active 以外的地方是厚氧化层区，但是需要注意的是：PMOS 的 Active 绘图层一定要画在 N Well 绘图层内部。根据 DRC 规则，Active 绘图层的最小宽度为 3 个 Lambda，并且要包围 Active Contact 绘图层最小 3 个 Lambda。在绘图层中单击 Active 快捷键，选择 Drawing 绘图工具快捷键，在编辑窗口绘制出 6×14 个 Lambda 的版图，如图 2.41 所示。

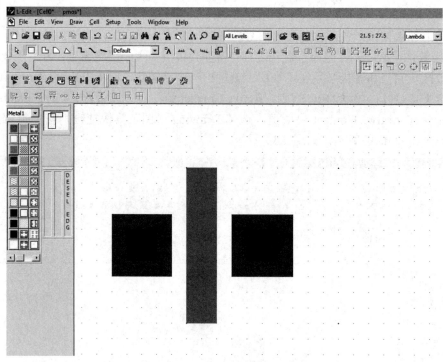

图 2.40　Metal1 绘图层(PMOS)

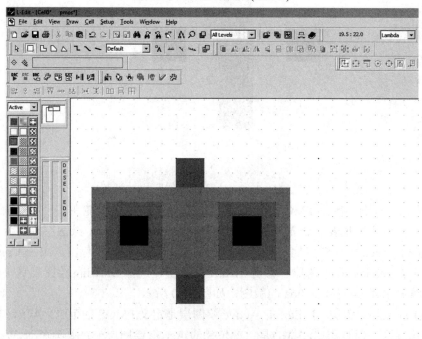

图 2.41　Active 绘图层(PMOS)

(9) 绘制 P Select 图层：绘制完 Active 绘图层之后，需要绘制 P Select 与 Active 绘图层重叠，L-Edit 的 P Select 绘图层是定义 P 型衬底的范围，但是需要注意的是：PMOS 的 P Select 绘图层一定要画在 Active 绘图层外部。根据 DRC 规则，P Select 绘图层要包围 Active 绘图层最小 2 个 Lambda。在绘图层中单击 P Select 快捷键，选择 Drawing 绘图工具快捷键，在编辑窗口绘制出 10×18 个 Lambda 的版图，如图 2.42 所示。

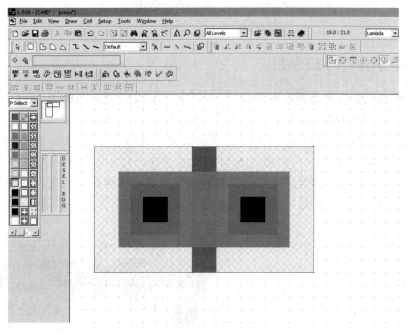

图 2.42 P Select 绘图层

(10) 绘制 N Well 图层：L-Edit 的编辑环境是基于 P 型基板的，而在 P 型基板上制作 PMOS，根据 CMOS 工艺，很重要的一步就是要先绘制出 N Well 绘图层。根据 DRC 规则，N Well 绘图层要包围 Active 绘图层最小 5 个 Lambda。在绘图层中单击 N Well 快捷键，选择 Drawing 绘图工具快捷键，在编辑窗口绘制出 16×24 个 Lambda 的版图，如图 2.43 所示。

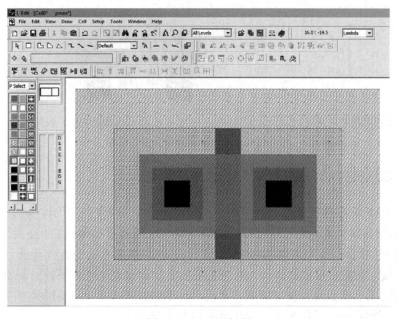

图 2.43 PMOS 版图

　　PMOS 晶体管的版图设计完成之后，单击"保存"按钮，并选择 Tools→DRC 菜单命令，运行 DRC 规则验证，如果出现错误，修改版图编辑，直至 DRC 验证 0 errors(没有错误)为止。

2.6.3　串联晶体管的版图设计

　　以两个 NMOS 晶体管进行串联为例，串联电路图如图 2.44(a)所示。两个 NMOS 进行串联，即上面 NMOS 晶体管的源极 S1 与下面 NMOS 晶体管的漏极 D2 连接在一起，实现首尾相接。因此在绘制版图的时候，首先，可以将源极 S1 或者漏极 D2 通过金属连接在一起实现串联；其次，可以通过 S1 和 D2 重叠在一起实现共享来节省芯片面积；最后，如果两个 NMOS 晶体管进行串联时，共享输出端在电路图中没有与其他器件连接，那么共享区域内的接触孔是可以省略的，从而进一步缩小了芯片面积。串联版图如图 2.44(b)所示。

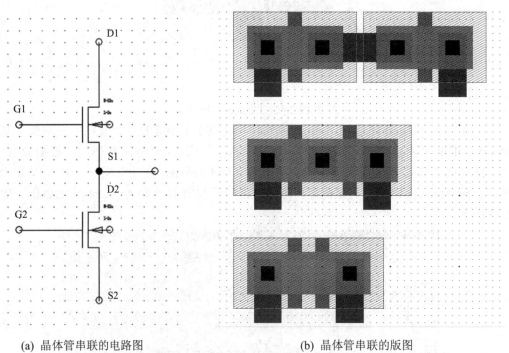

(a) 晶体管串联的电路图　　　　　　　　　　(b) 晶体管串联的版图

图 2.44　晶体管串联的电路图与版图

2.6.4　并联晶体管的版图设计

　　以两个 NMOS 晶体管进行并联为例，并联电路图如图 2.45(a)所示。两个 NMOS 进行并联，即左面 NMOS 晶体管的漏极 D1 与右面 NMOS 晶体管的漏极 D2 连接在一起，左面 NMOS 晶体管的源极 S1 与右面 NMOS 晶体管的源极 S2 连接在一起实现互连。因此在绘制版图的时候，首先，可以将源极 S1、S2 通过金属连接在一起；其次，将漏极 D1、D2 通过金属连接在一起实现并联；最后，通过 D1 和 D2 重叠在一起实现共享来节省芯片面积。从而进一步缩小了芯片面积，并联版图如图 2.45(b)所示。

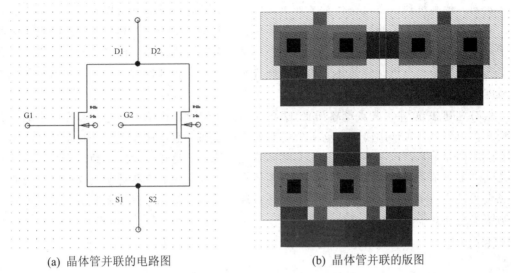

(a) 晶体管并联的电路图　　　　　　　　(b) 晶体管并联的版图

图 2.45　晶体管串联的电路图与版图

知识小课堂

　　如果说一个人一生中做出过一项发明，而这一发明不仅革新了我们的工业，而且改变了我们生活的世界，那就非杰克·基尔比和他的集成电路莫属了。

杰克·基尔比

　　杰克·基尔比 1923 年出生于美国密苏里州杰斐逊城，从小就对电子学有着浓厚的兴趣，读书时他立志成为一名电气工程师。

　　后来基尔比进入伊利诺斯大学学习电子学，1947 年取得电子工程学学士学位，1950 年在威斯康星大学获得电子工程硕士学位。

　　1958 年，34 岁的基尔比来到德州仪器(Texas Instruments，简称 TI)公司，从事电路小型化研制。他刚报到，公司全体员工外出度假。按照 TI 公司当时的惯例，作为一名新员工，他还没有资格享受长假，基尔比就选择独自一人留在实验室工作。他仔细研究了一些电子线路图和设计方案后，突然产生了一个想法：电路中所有的有源器件和无源器件，都可以在同一块基板上用制作晶体管的办法制作出来。当老板度假回来时，基尔比已经完成了新方案的设计图。

然而直到 2000 年，集成电路问世 42 年以后，人们才终于了解到它给社会带来的巨大影响和推动作用，基尔比因集成电路的发明被授予了诺贝尔物理学奖。诺贝尔奖评审委员会曾经这样评价基尔比——为现代信息技术奠定了基础。这迟来 42 年的诺贝尔奖对于基尔比来说实属不易，这也许和他只有硕士学位有关，另外就是业界对于集成电路的发明是工业发明还是科学发现一直有争议。不管怎么说，基尔比获此殊荣当之无愧，集成电路的发明给整个社会带来了翻天覆地的变化。

杰克·基尔比一生拥有专利 60 多项。

课 后 习 题

一、填空题

1. 集成电路的制造是以_____为基础的。

2. 集成电路的制造工艺是由多种单项工艺组合而成的，简单来说主要的单项工艺通常包括_____、_____、_____。

3. 物理气相淀积常用方法有_____和_____。

4. 刻蚀工艺主要有_____和_____。

5. 版图是包含集成电路的_____、_____、_____以及_____等相关物理信息的图形。

6. 版图验证包括_____、_____和_____。

二、简答题

1. 简述 CMOS 制造工艺流程。

2. 版图设计的主要目标是什么？

3. 版图设计的主要内容是什么？

4. 光刻的一般工艺流程是什么？

5. 绘图层中多晶硅接触孔、有源区接触孔和通孔的作用是什么？

6. 什么是 DRC 规则验证？

7. 版图设计规则主要包括哪些内容？

8. 绘制 PMOS、NMOS 晶体管的版图，并简述其流程。

第二部分

Tanner 软件

第三章　　Tanner 的 S-Edit(电路图编辑器)

双击 S-Edit 图标即可启动 S-Edit，如图 3.1 所示。

图 3.1　S-Edit 图标

电路图编辑器的用户界面由标题栏、菜单栏、工具栏、工作区和状态栏组成，如图 3.2 所示。

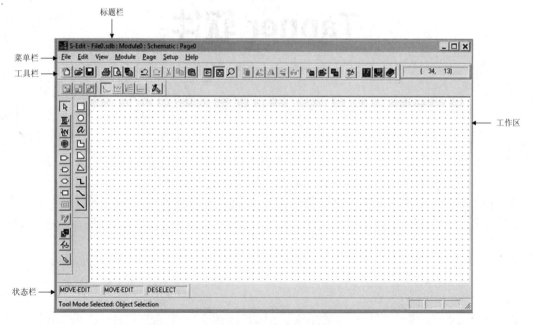

图 3.2　S-Edit 用户界面

3.1　S-Edit 的菜单栏

1. 文件(File)

S-Edit 保存和打开文件的类型是.sdb 格式的，通过 File 菜单栏命令可实现文件的新建、打开、关闭、保存、另存为、代替设置、导出、打印等功能。File 菜单栏如图 3.3 所示。

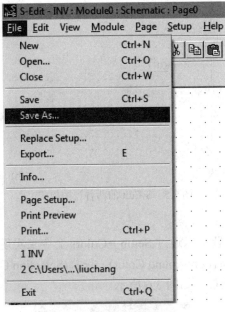

图 3.3 File 菜单栏(S-Edit)

2. 编辑(Edit)

S-Edit 的 Edit 菜单栏命令可实现对象编辑的撤销、剪切、复制、粘贴、清除、选择所有、清除所有、旋转、翻转、编辑对象等功能。Edit 菜单栏如图 3.4 所示。

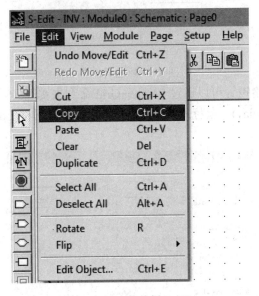

图 3.4 Edit 菜单栏(S-Edit)

3. 视图(View)

S-Edit 有两种视图模式:电路图模式和符号模式,如图 3.5 所示。通过 View→Schematic mode 命令可显示原理图模式,通过 View→Symbol mode 命令可显示符号模式。

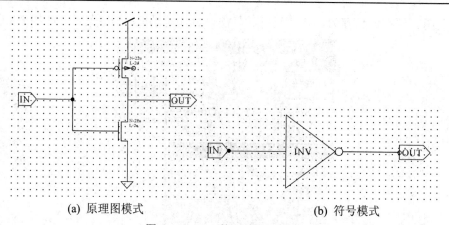

　　　　(a) 原理图模式　　　　　　　　　　　　　　　(b) 符号模式

图 3.5　S-Edit 的两种视图模式

4. 设置(Setup)

　　(1) 颜色设置。颜色设置可以通过 Setup→Colors 命令来实现。颜色对话框包括后背景(Background Color)、前背景(Foreground Color)、选择(Selection Color)、网格(Grid Color)、原点(Origin Color)等五个元素，如图 3.6 所示。

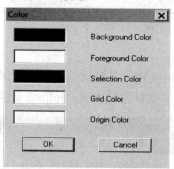

图 3.6　颜色对话框

　　(2) 网格设置。网格设置可以通过 Setup→Grid 命令来实现。S-Edit 显示三种独立的网格：显示网格(Grid Display)、鼠标网格(Mouse Grid)、定位网格(Locator Units)。网格设置对话框如图 3.7 所示。

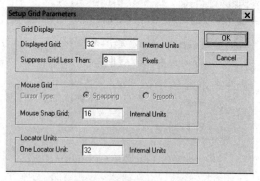

图 3.7　网格设置对话框

5. 模块(Module)

S-Edit 的 Module 菜单栏命令可实现模块的新建、打开、复制、重命名、删除、例化、符号浏览、寻找模块等功能。Module 菜单栏如图 3.8 所示。

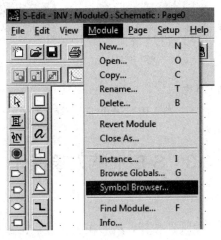

图 3.8　Module 菜单栏

通过 Module→Symbol Browser 命令或者点击快捷键"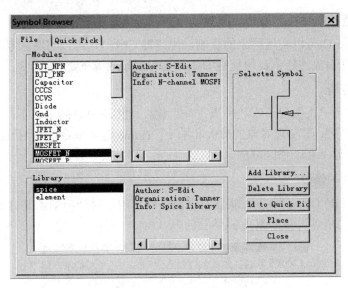"可实现对可用器件的浏览和放置。符号浏览(Symbol Browser)对话框如图 3.9 所示，选择所需要的 Modules，然后点击"Place"按钮即可。

图 3.9　符号浏览对话框

3.2　S-Edit 的工具栏

绘制工具栏包括两种：电路图绘制工具栏和注释图绘制工具栏。电路图绘制工具栏的常用按钮可以实现连线、添加输入/输出端口、添加电源和接地的功能，如图 3.10(a)所示。注释图绘制工具栏常用按钮可以实现绘制矩形、圆形、三角形、轮廓、直线、45°线和 90°线等功能，如图 3.10(b)所示。

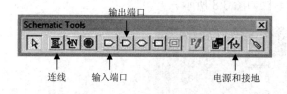
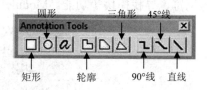

(a) 电路图绘制工具栏   (b) 注释图绘制工具栏

图 3.10   S-Edit 的工具栏

3.3   S-Edit 的对象操作

1. 对象的选择

选择对象时，首先要选中"⬚"按钮，然后在工作区点击鼠标左键就可以选择对象了。快捷键 Ctrl + A 可以实现全部选择，Ctrl 可以实现连续选择。

2. 对象的移动

移动对象时，首先要选中对象，然后按住 Alt + 鼠标左键或者中键进行对象的移动。快捷键 R 实现旋转，快捷键 H 实现水平翻转，快捷键 V 实现垂直翻转。

3. 对象的复制、粘贴、撤销、删除

快捷键 Ctrl + C 可以实现对象的复制，快捷键 Ctrl + V 可以实现对象的粘贴，快捷键 Ctrl + Z 可以实现对象的撤销，快捷键 Delete 可以实现对象的删除。

4. 对象的查看

通过点击键盘"↑"、"↓"、"←"、"→"键，可实现对象的上、下、左、右的查看；点击键盘"+"、"−"，可实现对象的放大和缩小；Home 键可以将电路图设计窗口缩放到使所有的对象刚好显示在工作区域中。

5. 对象属性的修改

通过 Edit→Edit Object 命令可实现对象属性的修改，对话框如图 3.11 所示。通过设置 L 和 PD 文本框的值可设置 PMOS 晶体管的 W/L。

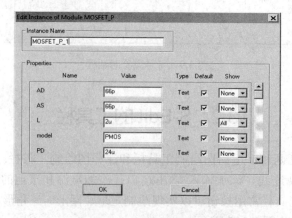

图 3.11   对象属性修改对话框

3.4　S-Edit 的网表输出

设计好的电路图，保存好以后，可通过 File→Export 命令来实现网表文件的输出。输出网表对话框如图 3.12 所示。在 Output file name 的文本框中输入名字，点击"OK"按钮即可输出相应网表。注意该网表文件的类型是.sp 格式的。这个文件非常重要，使用 T-Spice 进行仿真分析的时候，会用到该文件。

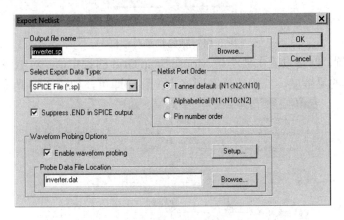

图 3.12　输出网表对话框

3.5　S-Edit 应用实例

新建一个 CMOS 反相器的步骤如下：

(1) 启动 S-Edit(双击 S-Edit 图标即可)。

(2) 新建设计。选择 File→New→New Design 命令，弹出新建设计(Create New Design)对话框，如图 3.13 所示。在 Filename 中输入名字"inverter"后点击"OK"按钮。

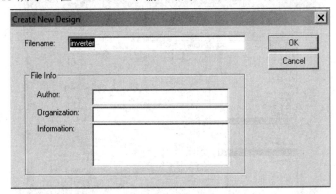

图 3.13　新建设计对话框

(3) 颜色设置。可以根据个人的喜好进行颜色的设置，只要能区分开就可以。具体的颜色设置如图 3.14 所示。

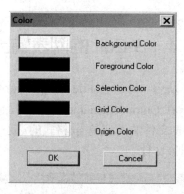

图 3.14　颜色设置对话框

(4) 网格设置。网格设置主要考虑 Mouse Snap Grid 的设定值。对电路图来说，这个值决定了器件移动的灵敏度，一般选择在网格点上移动即可，如图 3.15 所示。

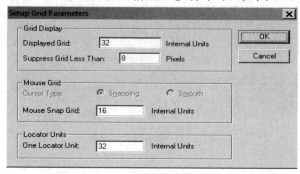

图 3.15　网格设置对话框

(5) 从器件库中调用器件。通过 View→Schematic Mode 命令，确定工作区显示在电路图模式，然后通过 Module→Symbol Browser 命令来实现可用器件的浏览和放置。也可以点击 "☒" 快捷键，通过弹出的符号浏览(Symbol Browser)对话框(见图 3.16)选择需要的 Modules，选择完毕点击 "Place" 按钮即可。设置 CMOS 反相器电路图需要的器件有 MOSFET_N(NMOS 晶体管)、MOSFET_P(PMOS 晶体管)、VDD(电源)、GND(接地)。

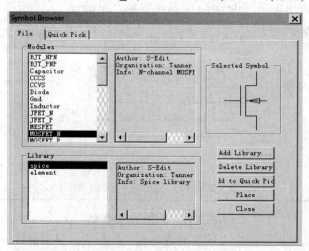

图 3.16　符号浏览对话框

(6) 器件布局。调用完器件以后，选择需要移动的器件，先选中该器件，再按 Alt + 鼠标左键或者中键进行移动，放到对应的位置。CMOS 反相器电路图的布局如图 3.17 所示。

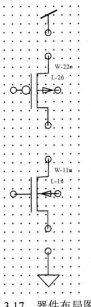

图 3.17 器件布局图

(7) 添加端口。点击"▷"按钮添加输入端口，弹出如图 3.18 所示的对话框，输入"IN"点击"OK"按钮。点击"▷"按钮添加输出端口，弹出如图 3.19 所示的对话框，输入"OUT"点击"OK"按钮。添加了端口的 CMOS 反相器电路图如图 3.20 所示。

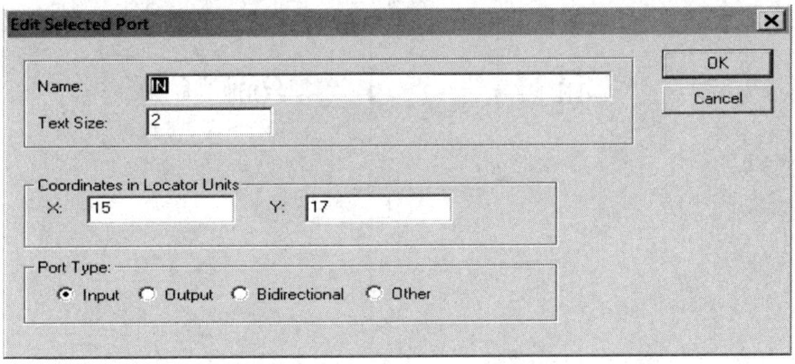

图 3.18 添加输入端口对话框

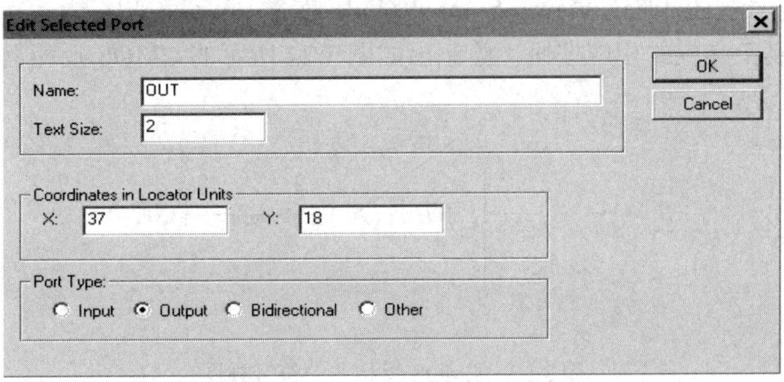

图 3.19 添加输出端口对话框

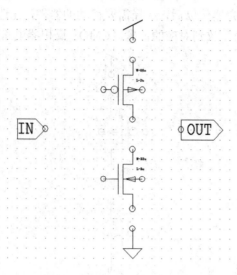

图 3.20　添加了端口的电路图

(8) 连线。添加端口完成以后，通过点击"▦"按钮将各个端点进行连接。需要注意的是，如果两条导线连接在一起，只有出现实心的圆圈时才表示连接是正确的。连线后的 CMOS 反相器电路图如图 3.21 所示，连接完成后点击"保存"按钮。

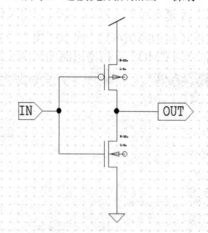

图 3.21　连线后的 CMOS 反相器电路图

(9) 绘制符号视图。通过 View→Symbol Mode 命令，确定工作区显示为符号视图模式，通过注释图绘制工具栏的相应按钮，绘制出如图 3.22 所示的 CMOS 反相器符号视图。

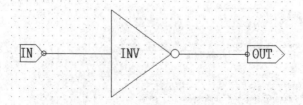

图 3.22　CMOS 反相器的符号视图

(10) 输出网表。选择 File→Export 命令，弹出如图 3.23 所示的输出网表对话框。在

Output file name 的文本框中输入"inverter.sp",然后点击"OK"按钮。

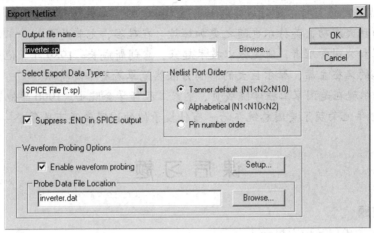

图 3.23　输出网表

知识小课堂

　　1929 年,戈登·摩尔出生在加州旧金山的佩斯卡迪诺。1950 年,摩尔获学士学位,1954 年获化学和物理学博士学位。1956 年,摩尔加入了肖克莱半导体公司,同时加入的还有诺伊斯等人。肖克莱是伟大的科学家,但肖克莱半导体公司却没有经营好,公司没有研制出任何像样的产品。1957 年,摩尔等 8 个人离开肖克莱,创办了半导体工业史上有名的仙童半导体公司。该公司依靠技术创新的优势,一举成为硅谷成长最快的公司。

戈登·摩尔

　　1965 年 4 月,戈登·摩尔在《电子学》杂志上发表文章,对未来十年间集成电路的发展趋势做出预言,摩尔所做的这个预言,在后来的实际发展中得到证明,并在较长时期保持了它的有效性,被人誉为"摩尔定律",成为新兴电子产业的"第一定律"。

　　1968 年,摩尔和诺伊斯脱离仙童公司,创办了英特尔公司。摩尔和诺伊斯选择了开发当时计算机工业尚未开发的数据存储器领域,并取得了巨大的成功。1972 年,英特尔销售额已经达到 2340 万美元。

1974 年, 诺伊斯卸任, 摩尔就任英特尔总裁。在摩尔主政的十几年时间里(1974—1987 年), 他果断地决定将英特尔进行战略转移, 主攻 PC 的"心脏"部件 CPU。随着 PC 在全球范围获得的巨大成功, 英特尔也随之更加辉煌。在硅谷, 尤其是在英特尔, 摩尔是令人敬佩的科学家和公司管理者, 他主张以技术起家, 靠创新成长。1989 年, 他光荣退休, 但作为公司永远的名誉主席, 摩尔巨大的影响力依然笼罩着整个英特尔。

戈登·摩尔现在是国家工程学院成员, 皇家工程师学会院士。1990 年他荣获了国家科技奖章, 2002 年他荣获了美国总统乔治·布什授予他的国家最高市民荣誉——自由勋章。

课 后 习 题

一、填空题

1. 电路图编辑器的用户界面由_____、_____、_____、_____和_____组成。

2. S-Edit 文件的新建命令为_____, 文件的打开命令为_____, 文件的另存为命令为_____。

3. S-Edit 保存和打开的文件类型为_____格式。

4. S-Edit 修改对象命令为_____。

5. S-Edit 网表输出的命令为_____, 文件格式为_____。

6. S-Edit 器件浏览的命令为_____, 快捷键为_____。

7. S-Edit 添加输入端口的快捷键为_____, 添加输出端口的快捷键为_____。

8. S-Edit 连线的快捷键为_____。

二、简答题

1. 画出 CMOS 反相器的原理图模式和视图模式。

2. 绘制 CMOS 反相器电路图, 并简述其流程。

第四章　Tanner 的 L-Edit(版图编辑器)

4.1　L-Edit 用户界面及功能简介

双击 L-Edit 图标即可启动 L-Edit，如图 4.1 所示。

图 4.1　L-Edit 图标

版图编辑器的用户界面由标题栏、菜单栏、工具栏、工作区、状态栏、绘图层组成，如图 4.2 所示。

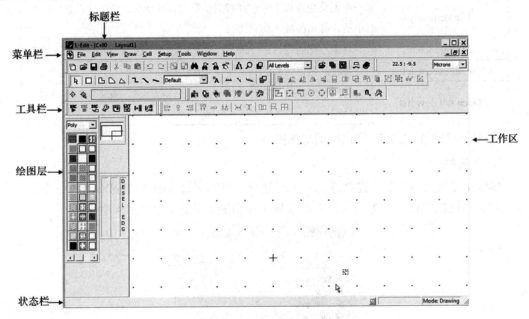

图 4.2　L-Edit 用户界面

1. 标题栏

标题栏在用户界面的最上方，用来显示当前被激活的单元和文件的名字。

2. 菜单栏

菜单栏在标题栏的下方，如图 4.3 所示，包含了 L-Edit 所有的命令。

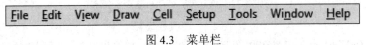

图 4.3　菜单栏

(1) File(文件)：包含创建、打开、保存、打印等命令。

(2) Edit(编辑)：包含复制、删除、选择、查找、文字编辑等命令。

(3) View(视图)：包含放大、缩小和移动视图命令。

(4) Draw(绘图)：包含绘图命令。

(5) Cell(单元)：包含创建、操作、例化单元命令。

(6) Setup(设置)：包含应用、设计、图层、调色板、工具参数设置命令。

(7) Tools(工具)：包含创建图层、清除图层、DRC、自动布局布线、提取网表、观察剖面图、运行 L-Edit 宏单元命令。

(8) Windows(窗口)：用于显示文档窗口的命令，具体如表 4.1 所示。

表 4.1　Windows 窗口命令

命　令	功　能
Cascade	调整叠放在一起的窗口，从显示区域的左上角开始，这样每个窗口的标题栏都可以看得到，最前面的窗口仍处于激活状态
Tile horizontally	在无重叠方式下从上到下调节窗口，改变窗口的尺寸以使它的大小适合显示区域，水平排列
Tile vertically	在无重叠方式下从左到右调节窗口，改变窗口的尺寸以使它的大小适合显示区域，垂直排列
Arrange lcons	将最小化的窗口进行调整，使它们在显示区域的左下方依次排列
Close all except active	将激活窗口之外的其他窗口全部关闭
Open window list	将所有窗口按照它们被打开的顺序进行排列，被激活的窗口用 √ 做标记。

(9) Help(帮助)：L-Edit 的在线用户指南。

3. 工具栏

L-Edit 提供很多工具以提高版图的编辑速度，可以通过 View→Toolbars 命令或者将鼠标放在工具栏任意地方，单击鼠标右键来显示和隐藏工具栏，如图 4.4 所示。

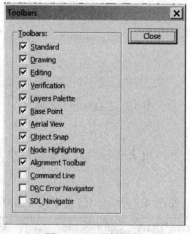

图 4.4　工具栏设置

工具栏的位置和大小都是可以设置的，退出 L-Edit 的时候，会保持对工具栏位置和大小的修改，如果想恢复系统初始的设置，可以通过在菜单上方的 Reset Toolbars 来实现。改变工具栏的方法是：通过鼠标左键拖动工具栏的边将其拖动到新的位置。

1) 标准工具栏

标准工具栏的按钮、菜单栏命令及其含义如表 4.2 所示。

表 4.2　标准工具栏的按钮、菜单栏命令及其含义

按钮	菜单栏命令	含　义
	File→New	创建新文件
	File→Open	打开文件
	File→Save	保存文件
	File→Print	打印文件
	Edit→Cut	剪切选中的对象并放在剪贴板中
	Edit→Copy	复制选中的对象并放在剪贴板中
	Edit→Paste	将剪贴板中的内容粘贴到当前位置
	Edit→Undo	撤销最后一步编辑动作
	Edit→Redo	将先前撤销的动作进行恢复
	Edit→Edit In-Place→Push Into	进入到例化单元中进行编辑
	Edit→Edit In-Place→Pop Out	停止在当前位置对例化单元的编辑，回到上个设计层次
	Edit→Find	查找目标或文字
	Edit→Find Next	查找指定类型的下一个目标
	Edit→Find Previous	查找指定类型的上一个目标
	View→Goto	查看指定坐标位置的图形
	View→Design Navigator	显示激活文件的设计导航
	View→Zoom→Mouse	用鼠标画出缩放框
	View→Insides→Toggle Insides	显示或隐藏例化单元的内容
	Cell→Open	打开一个已经存在的单元
	Cell→Copy	将另一个单元拷贝进当前激活的设计中
	Cell→Cross-Section	创建一个激活单元的截面图
	Help→L-Edit User Guide	查看用户使用手册

2) 编辑工具栏

编辑工具栏的按钮、菜单栏命令及其含义如表 4.3 所示。

表 4.3　编辑工具栏的按钮、菜单栏命令及其含义

按钮	菜单栏命令	含　义
	Edit→Duplicate	复制选中的对象
	Draw→Rotate→90 Degrees	将选中对象逆时针旋转 90°
	Draw→Rotate→Rotate	将选中对象旋转任意角度
	Draw→Flip→Horizontal	将选中对象沿水平轴翻转
	Draw→Nibble	将选中目标的一部分截取掉
	Draw→Slice→Horizontal	沿水平轴切割选定对象
	Draw→Slice→Vertical	沿垂直轴切割选定对象
	Draw→Boolean/Grow Operations	利用布尔运算生长绘图层
	Draw→Merge	将选中目标进行融合
	Draw→Group	将选中目标组合成新单元
	Draw→Ungroup	将选择的对象展开
	Edit→Edit Objects	编辑选中的目标
	Draw→Move By	将选中目标移动一定的坐标位置

3) 绘图工具栏

绘图工具栏的按钮、菜单栏命令及其含义如表 4.4 所示。

表 4.4　绘图工具栏的按钮、菜单栏命令及其含义

按钮	菜单栏命令	含　义
	Cursor tool	将当前工作状态切换到选择模式
	Box	将当前工作状态切换到画框模式
	Orthogonal polygon	将当前工作状态切换到画直角多边形模式
	45-degree polygon	将当前工作状态切换到画 45° 角的多边形的模式
	All-angle polygon	将当前工作状态切换到画任意角度多边形的模式

按钮	菜单栏命令	含　义
	Orthogonal wire	将当前工作状态切换到画直角线的模式
	45-degree wire	将当前工作状态切换到画 45° 角线的模式
	All-angle wire	将当前工作状态切换到画任意角度线模式
	Circle	将当前工作状态切换到画圆形的模式
	Pie Wedge	将当前工作状态切换到画扇形的模式
	Torus	将当前工作状态切换到画圆环面的模式
	Port	加端口名称
	90 degree ruler	将当前工作状态切换到画 90° 标尺的模式
	45 degree ruler	将当前工作状态切换到画 45° 标尺的模式
	All angle ruler	将当前工作状态切换到画任意角度标尺的模式
	Instance (Cell→Instance)	在当前设计中引入例化单元

4) 验证工具栏

验证工具栏的按钮、菜单栏命令及其含义如表 4.5 所示。

表 4.5　绘图工具栏的按钮、菜单栏命令及其含义

按钮	菜单栏命令	所表达的意思
	Tools→DRC	DRC 检查
	Tools→DRC Box	对划定的矩形范围内的设计进行 DRC 检查
	Tools→DRC→Setup	通过设置改变 DRC 规则
	Tools→Clear Error Layer	清除错误绘图层
	Tools→Extract	提取当前设计的网表文件

5) 对准工具栏

对准工具栏的按钮、菜单栏命令及其含义，如表 4.6 所示。

表 4.6 对准工具栏的按钮、菜单栏命令及其含义

按钮	菜单栏命令	含　义
	Draw→Align→Left	将所有选中的对象按左边对齐排列
	Draw→Align→Middle	将所有选中的对象按中间对齐排列
	Draw→Align→Right	将所有选中的对象按右边对齐排列
	Draw→Align→Top	将所有选中的对象按上边对齐排列
	Draw→Align→Center	将所有选中的对象按中心对齐排列
	Draw→Align→Bottom	将所有选中的对象按下边对齐排列
	Draw→Align→Distribute Horizontally	将所有选中的对象按水平分布对齐排列
	Draw→Align→Distribute Vertically	将所有选中的对象按垂直分布对齐排列
	Draw→Align→Tile Horizontally	将对象在水平方向上并列显示，所有对象的底部对齐排列
	Draw→Align→Tile Vertically	将对象在垂直方向上并列显示，所有对象的左边对齐排列
	Draw→Align→Tile as a 2D Array	将目标按照横向和纵向两维并列显示，要使两个目标在同一行，每个目标的中点必须在另一个目标的最小边界框的范围之内

4. 绘图层

在 L-Edit 软件界面将绘图层的可视范围缩小，固定在版图编辑窗口，通常在版图编辑窗口的左边。当光标在绘图层图标上移动时，每个图标所代表的绘图层的名称就在状态栏中显示出来，绘图层的界面介绍如图 4.5 所示，其中包括当前绘图层、绘图层图标和绘图层滚动条。

绘图层可以显示和隐藏绘图层的操作，只要将光标移动到想要隐藏或显示的绘图层的图标上，然后点击鼠标的中键就可以了。被隐藏或显示的图标状态如图 4.6 所示。

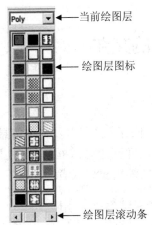

当前绘图层

绘图层图标

绘图层滚动条

图 4.5　绘图层界面介绍

图 4.6　隐藏或显示的图标

　　如果只想要当前所有绘图层都是可视的，而其余绘图层都是隐藏的，则只要将光标停留在需要显示的绘图层上，然后点击 Ctrl + 鼠标中键即可实现，此时的绘图层如图 4.7 所示。

　　在绘图层上点击鼠标右键，会出现绘图层操作的命令，如图 4.8 所示。通过 Show All 可以实现所有绘图层的显示；通过 Hide All 可以实现除了显示当前绘图层，其余绘图层全部被隐藏。

图 4.7　只显示当前图层的绘图层

图 4.8　绘图层操作的命令

4.2　L-Edit 的文件

4.2.1　文件的创建

下面介绍 L-Edit 中文件的创建、打开、关闭、保存、打印以及文件信息和参数等内容。

可使用命令 File→New 来创建一个新文件。文件创建对话框如图 4.9 所示。根据所选择文件类型的不同，版图编辑器将会打开一个版图编辑窗口或者一个文字编辑窗口。

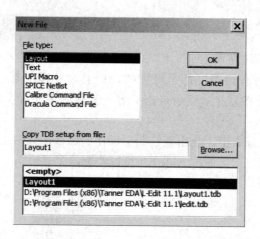

图 4.9　文件创建对话框

1. File type(文件类型)

(1) Layout(版图类型)：当选择 Layout 作为新文件的创建类型时，在版图编辑窗口会自动打开一个 TDB 类型的文件。选择其他选项作为新文件的创建类型时，打开的是 L-Edit 的文字编辑器。

(2) Text(文本类型)：选择 Text 类型作为新文件的创建类型会创建一个 ASCII 文本文件。文本类型的文件用于普通的文本编辑。

(3) UPI Macro(用户编辑界面宏模块)：选择 Macro 类型创建一个新的 UPI 宏单元模板文件，在此文件中语法是高亮显示的，并且注释出编码指导方针。用户编辑界面提供了自动、定制并扩展的版图编辑器命令和功能设置，功能和灵活性都很强。UPI 是以 C 语言宏单元为基础的，描述了将要自动被执行的行为。

(4) SPICE netlist(SPICE 网表文件)：选择创建 SPICE 网表文件，将会打开一个空白的文本窗口，当网表文件被输入或打开的时候会将其语法高亮显示。

(5) Calibre Command File(Calibre 命令文件)：Calibre 命令文件可以用于对版图进行 DRC 或者 LVS 检查。选择 Calibre 命令文件将会创建一个新的 Calibre 模板文件，在此文件中语法是高亮显示的，并且注释出编码指导方针。

(6) Dracula Command File(Dracula 命令文件)：Dracula 命令文件和 Calibre 命令文件一样，可以用于对版图的 DRC 或者 LVS 检查。选择 Dracula 命令文件则是创建了一个 Dracula

模板文件。

2. Copy TDB setup from file(从文件拷贝 TDB 设置信息)

对于版图文件来说，新建文件的设置信息可以从已存在的 TDB 文件中得到，也可以从对话框最下方的预先确定的设置文件列表中选择一个设置文件。设置文件可以通过在空白处直接输入文件名，也可以通过在文件中浏览得到。如果没有选择设置文件，新的文件设置将缺省为 empty 设置。

在创建新文件的时候，版图编辑器会分配一个默认的名字，如果需要修改并重新命名，可以在第一次保存的时候进行。在创建新文件后，可以利用 File Information 对话框来确定其他文件信息。

4.2.2　文件的打开、关闭和保存

1. 文件的打开

文件的打开方式有以下四种：

(1) 选择命令 File→Open；

(2) 单击文件打开按钮 📂；

(3) 按组合键 Ctrl + O；

(4) 双击需要打开文件的文件名。

文件的打开对话框如图 4.10 所示。版图的文件类型是 .tdb 格式的。

图 4.10　文件打开对话框

2. 文件的关闭和保存

文件的关闭方式有以下三种方式：

(1) 直接点击窗口的关闭按钮；

(2) 选择 File→Close 命令；

(3) 按组合键 Ctrl + W。

文件的保存方式有以下三种方式：

(1) 直接点击文件的保存按钮；

(2) 选择 File→Save 命令；

(3) 按组合键 Ctrl + S。

4.2.3　文件的输入

在版图编辑器中可以输入多种文件格式，例如 GDSII、CIF 和 DXF 格式的文件，也可以输入位图格式的文件，例如 GIF、JPEG、TIFF 和 BMP。Tanner 的版图编辑器同样支持输入 Cadence Virtuoso 的工艺文件。

GDSII 格式文件是集成电路设计中用于数据交换的文件之一，它是一个包含几何形状单元的电路描述集合。GDSII 文件的结构包括库头、单元或结构序列以及库尾。GDSII 格式已经被业界广泛接受，成为事实的标准。

GDSII 数据流格式是二进制文件形式，二进制文件格式便于不同的 ICCAD 之间交换掩模板几何信息。GDSII 文件保存的扩展名为".gds"。一个 GDSII 文件可能只包含一个单独的设计或设计的一个库。文件中的基本单位被设定为 GDSII 的默认单位。大多数版图编辑器的元素与 GDSII 数据流文件的元素有一一对应关系。

大多数版图设计工具都支持 GDSII 格式的文件。利用版图设计工具可以设计出 GDSII 格式的文件，然后交给代工厂进行流片。

在 Tanner 版图编辑器中，输入 GDSII 文件的命令是 File→Import Mask Data→GDSII，所出现的对话框如图 4.11 所示。

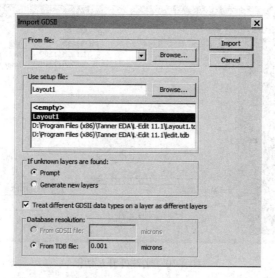

图 4.11　文件输入的对话框

文件输入对话框中的各个选项介绍如下。

(1) From file：在其下方的下拉列表框中选择要输入的包含设计数据的 GDSII 格式文件，或利用其后的 Browse 按钮可以浏览选择要输入的文件。

(2) Use setup file：指定必须包含绘图层设置信息的 TDB 设置文件，该文件也可以通过其后的 Browse 按钮进行选择。

(3) If unknown layers are found：如果发现 GDSII 文件中绘图层的编码在设置文件中找不到，则弹出一个对话框来询问怎样对该层进行映射或者自动产生一个新的绘图层。

(4) Treat different GDSII data types on a layer as different layers：如果选中此项，那么一旦发现有多个绘图层具有相同的 GDSII 绘图层编码，但数据类型不同，则版图编辑器会自动将它们视为不同的绘图层。在版图编辑器中这些绘图层将具有相同的 GDS 编码、不同的名字和数据类型。如果此项不被选中，则具有相同的 GDS 编码的绘图层将被视为同样的绘图层。

(5) Database resolution：其中 From GDSII file 在这个区域中显示了 GDSII 文件中的数据库分辨率，而且不能被更改；当用一个空的设置文件来输入 GDSII 文件时，可以选中此选项。对于 From TDB file，当指定了一个 TDB 设置文件后，在这个区域中会显示设置文件的分辨率；当指定一个空的设置文件时，在这个区域中允许填入一个自定义的分辨率。

(6) Import 键：输入指定文件。

4.2.4 文件的输出

从版图编辑器中可以输出 GDSII 格式、CIF 格式和 DXF 格式的文件。与文件输入类似，版图编辑器在输出 GDSII 文件的时候也会产生一个日志文件，给出详细的警告和出错信息。

从版图编辑器中输出 GDSII 文件使用的命令为 File→Export Mask Data→GDSII，所出现的对话框如图 4.12 所示。

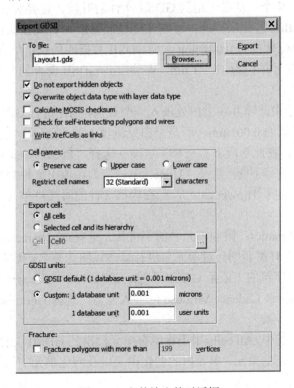

图 4.12 文件输出的对话框

文件输出对话框中的各个选项介绍如下。

(1) To file：给要输出的 GDSII 文件命名。

(2) Do not export hidden objects：选中这个选项后，在输出文件的时候被隐藏的对象通过设置对象类型或通过设置绘图层属性，不会被写到 GDSII 文件中。相反，如果此项没有被选中，则所有的对象都将被写到 GDSII 文件中，不管对象的属性是否为隐藏。

(3) Overwrite object data type with layer data type：当此选项被选中时，对象在被写进 GDSII 文件的同时，其所在的绘图层的数据类型将取代对象本身的数据类型被写到 GDSII 文件中。如果绘图层没有数据类型，则对象将保留它自己的数据类型。

(4) Calculate MOSIS checksum：计算将 GDSII 文件传递到 MOSIS 所需的检查总和。

(5) Check for self-intersecting polygons and wires：如果此项被选中，则将对多晶硅和连线进行检查，看是否存在自我交叉的情况。如果有，则会在 GDSII 输出日志文件中进行报告。

(6) Write XrefCells as links：如果此选项被选中，则在输出参考单元的时候，版图编辑器只会将其作为一个参考输出，单元内部的内容不会被包含进去。没有被例化的单元是不会被输出的。而如果此项没有被选中，则在输出 GDSII 文件的时候，不管单元是否是参考单元，其内容都将被输出到 GDSII 文件中。在这里需要注意的是，被引用单元的本地名字和参考名字必须相同，这样当此选项在被选中的时候才能成功地输出 GDSII 文件，否则 GDSII 文件输出操作将会报错并中断。

(7) Fracture polygons with more than N vertices：当多边形的顶点数多于 N 个时，将会把多边形进行拆分，每个多边形的顶点数小于或等于 N 个。如果圆形、弧形和圆环面形的多边形的顶点数大于 N 个，则在输出到 GDSII 文件的时候，也要对它们进行拆分。

(8) GDSII default：若此项被选中，则在将设计输出到 GDSII 文件的时候，版图编辑器会将对象的尺寸单位转换为 0.001 μm(这是 GDSII 数据库的默认单位)。例如，一个大小为 5×5 的矩形，其尺寸单位为 $1\lambda = 1$ μm，在输出到 GDSII 文件的时候，其尺寸将被记录为 5000×5000 数据库单位。

(9) Custom：若选中此项并在空白处填入一个数值，则在进行 GDSII 文件输出的时候，数据库的单位不是默认的 0.001 μm，而是空白处所填入的数值。

(10) Cell names：在此选项下有三个子选项。选择"Preserve case"，则在输出文件的时候保持单元名的大小写不变；选择"Upper case"，则在输出文件的时候将单元的文件名都转换成大写模式；选择"Lower case"，则在输出文件的时候将单元的文件名都转换成小写模式。

(11) Restrict cell names：限制单元名的字符数。选择 32 characters 则单元名将被限制在 32 个字符内，如果有需要则会对单元名进行修改以防止重名，这时会在 GDSII 输出日志中写进警告。32 个字符的上限是 GDSII 标准。选择 128 characters，则单元名将被限制在 128 个字符内，这符合 Cadence Virtuoso 的输入能力。选择 Unlimited，则对单元名的字符没有限制。

(12) Export cell：其中，All cells 用于将所有单元输出到 GDSII 文件中；Selected cell and its hierarchy 只输出指定的单元、单元内的例化单元以及例化单元中的例化单元等，直到单元的最低一层。

(13) Export 键：输出指定文件。

GDSII 文件中不包含曲线，所以如果设计中有曲线，那么在输出 GDSII 文件的时候，将会以线段来近似。

在输出 GDSII 文件的时候，版图编辑器会分给设计中的每个绘图层一个号码，以符合 GDSII 格式的语法。要在输出 GDSII 文件前改变绘图层的号码，可以使用命令 Setup→Layers→General，并在绘图层列表中选择一个绘图层，在 GDSII number 栏中填入适当的值。

在输入和输出 GDSII 文件的时候，版图编辑器将会接受并保存非标准的 GDSII 号码。

4.3　L-Edit 的设置

4.3.1　L-Edit 替换设置

每一个 L-Edit 设计文件都包含有一些基本的信息，例如绘图层列表、工艺设置、SPR 和 DRC 以及参数抽取时的模块细节选项等。这些信息是在设置文件时设置的。

对于不同的版图设计，所用的设置文件不同，则所表现出来的一些信息就会不同。我们可以通过改变设置文件来对不同设计中的信息进行替换，具体操作如下：选择命令 File→Replace Setup，表示将一个"源设置文件"中的设置信息应用到当前的设计中，对应该命令的对话框如图 4.13 所示。

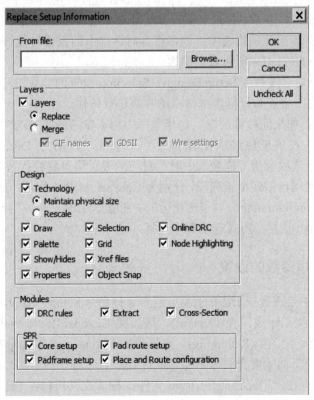

图 4.13　替换设置对话框

替换设置对话框中的常用选项说明如下。

(1) From file：将要被引入设置信息的 TDB 文件的名字，该文件可以通过点击"Browse"按钮在已存在的文件中进行选择。

(2) Layers：从指定的文件中引入绘图层设置的信息。在此选项下又包括两个子选项。

① Replace：在目标文件中删除绘图层，并用源文件中的绘图层代替。

② Merge：将源文件中的绘图层加入到目标文件中，作为目标文件中的绘图层列表的一个可选项。如果源文件中的绘图层和目标文件中的绘图层有重名的现象，则目标文件中该绘图层的信息将被源文件中同名的绘图层信息覆盖。

另外还有一些特殊的绘图层的设置选项，包括 CIF names、GDSII 和 Wire settings。

(3) Technology：在此选项中包含两个子选项。

① Maintain physical size：如果选中这个选项，那么在对版图尺寸进行调整的时候，版图编辑器会检查所有单元中的所有对象和在其他对话框中输入的需要指定单位的参数值，然后决定是否要调整版图的尺寸。如果要将版图收缩，版图编辑器会针对每个单元和每套参数给出一个警告信息。如果对于每条警告信息的应答都是"Yes"，那么版图的尺寸将被调整；如果对任何一条警告信息有应答"No"的情况，则版图编辑器将会停止尺寸调整的操作。

② Rescale：版图编辑器通过源文件中的工艺调整参数应用于目标文件来调整版图尺寸。

(4) Draw：对在 Setup Design→Drawing 中输入的参数进行传输。

(5) Palette：对在 Setup Palette 中输入的颜色参数进行传输。

(6) Show/Hides：对格点、原点、端口和其他对象进行视图设置。

(7) Properties：如果此项被选中，则在打开对话框中的设置将代替系统参数和其他通过命令 File→Info→Properties 所设置的参数。

(8) Selection：对通过命令 Setup Design→Selection 设置的参数进行传输。

(9) Grid：对显示格点和鼠标步进格点的参数进行传输。

(10) Xref files：如果此项被选中，将代替库中用于参考的 TDB 文件。

(11) Modules：在该模块选项中包含三个子项目，分别为 DRC rules、Extract 和 Cross-Section。当子选项旁的方框被选中时，对应的设置信息将被代替。

(12) SPR：该选项包括四个子选项，分别为 Core setup、Pad frame setup、Pad route setup 和 Place and Route configuration。当子选项旁的方框被选中时，对应的设置信息将被代替。

(13) Uncheck All 按钮：所有选项都不选择。

4.3.2　L-Edit 应用参数的设置

在版图编辑器中要进行应用级的设置，需要选择命令 Setup→Application。应用级的参数设置可以分为九类，即通用类(General)、键盘类(Keyboard)、鼠标类(Mouse)、警告类(Warnings)、UPI 类、绘图类(Rendering)、选择类(Selection)、文本编辑器类(Text Editor)和文本类(Text Style)。下面主要介绍一下配置文件。

应用设置被保存在应用配置文件中(.ini 文件)。配置文件可以在 Setup Application(应用参数设置)对话框上方的选项中指定，如图 4.14 所示。

图 4.14　Setup Application 对话框

配置文件是 ASCII 文件，其中包含的应用信息可以被编辑以及被多个用户共享。为了从现存的文件中载入设置信息，可以在工作组(Workgroup)或用户(User)区域中填入文件的名字；也可以通过浏览(Browse)键来选择相关文件。最后，点击 Load 键载入设置信息。

1. 工作组和用户配置文件

一般来说，Workgroup 文件倾向于被多个用户共享，User 文件倾向于包含用于个体用户的特殊参数。

在 Setup Application 对话框中，所做的任何改变只能被保存在 User 配置文件中，因此，作为 Workgroup 文件被载入的配置文件(.ini 文件)是被保护而不能被更改的。若在 Setup Application 对话框中同时有 Workgroup 文件和 User 文件被指定，则用户文件中的设置信息将覆盖工作组文件中的信息。

为了创建一个工作组配置文件，首先要将需要的设置信息保存在一个用户配置文件中，然后将用户配置文件复制到一个新命名的工作组文件中。

2. 修改配置文件

Tanner 配置文件的格式与 Windows 配置文件的格式是相同的，可以用任意一个文本编辑器进行编辑。配置文件的打开可以通过在 Setup Application 对话框中按住 Shift + Enter 组合键来实现，也可以通过按住 Shift 键的同时点击"确定"按钮来实现。

在配置文件中包括了许多参数的设置，主要包括鼠标参数、最近使用过的文件列表和 TDB 设置路径、激活键盘快捷键、显示 DRC 错误、工具栏设置、自动面板、橡皮条、粘贴到光标、插入绘图及抓图、警告、CIF 文件的导入与输出选项和 GDSII 文件的导入与输出选项。下面给出了一段设置文件中的信息：

[General]

NumberMRUFiles=16

ShowMouseTips=true

SolidMouseTips=false

MouseTipStyle=1

MouseHanded=2

IgnoreMiddleBtn=false

TDBSetupPath

CellShortcuts=true

ShowDRCBrowser=true

...

当在应用参数设置对话框中修改设置信息的时候，在配置文件中就会将所做的修改体现出来。

启动了 L-Edit 文件后，程序将查找 ledit.tdb，并从中读取设置信息。如果在当前路径中没有找到这个文件，L-Edit 将会在执行文件所在的路径中寻找。如果 L-Edit 没有安装 ledit.tdb 文件，将会显示一条警告信息。

4.3.3　L-Edit 设计参数的设置

在版图编辑器中修改设计级的参数，要选择命令 Setup→Design。在设计级参数设计对话框中有五种类型的设计参数可以设置，分别是工艺参数(Technology)、格点参数(Grid)、选择参数(Selection)、绘图参数(Drawing)和参考文件(Xref files)。下面将分别进行详细的介绍。

1. 工艺参数设置(Technology)

在 Technology 标签下可以指定工艺参数，工艺参数设置对话框如图 4.15 所示。

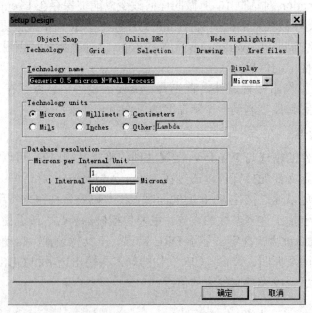

图 4.15　工艺参数设置对话框

工艺参数设置对话框中各选项说明如下。

(1) Technology name：用于判断两个设计文件是否兼容。如果要从一个设计文件中复制一个单元到当前单元，而该文件所用的工艺文件名与当前单元的工艺文件名不同，则版图编辑器会给出一条警告信息。

(2) Display：指定在版图编辑器中用于表示距离和面积的单位。物理距离可以由其他用户对话框指定。例如，我们可能希望定义一个与制造单位相当的工艺单位，如果制造中使用的单位是几分之一微米，那么可以将显示单位选择为微米，这样所有的距离就会在一个相似的单位系统中被显示。改变显示单位并不会改变设计的比例。可以用任何预定义的单位来指定显示单位，如微米、毫米、厘米、英寸等，也可以使用用户自定义的单位。

(3) Technology units：一种工艺是用一个指定的单位来描述的。这个单位可以是选择预定义单位的一种，也可以是自定义单位。对于自定义单位，必须指定它与以微米为单位的等价值和与内部单位的等价值。

(4) Database resolution：定义内部单位和工艺物理单位的联系。在此项操作中必须注意，改变内部单位和工艺单位的比例将改变设计的比例，而且此操作是不能被撤销的。

2. 格点设置(Grid)

使用格点(Grid)有助于查看、绘制和编辑对象。在版图编辑器中提供了各自独立的三种格点：显示格点、鼠标步进格点和制造格点。这些格点将版图区域平均分成若干个相同的正方形，每个正方形用四个顶点表示。显示格点最主要的作用是方便地提供了一套定位点，显示格点有主格点和次格点之分；鼠标步进格点提供了光标自由移动一次的距离；制造格点与制造商生产电路元件的精度相符合。

格点参数用 Setup→Design→Grid 来设置。代表物理距离的参数通常用当前显示单位来指定，可以在 Setup Design 的 Technology 标签中设置显示单位。改变显示时，版图编辑器会自动将"格点设置"替换为新的显示单位。

格点设置对话框如图 4.16 所示。

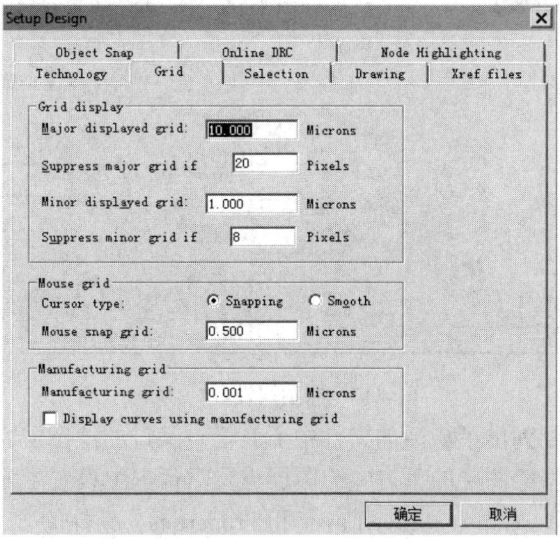

图 4.16　格点设置对话框

格点设置对话框中各选项说明如下。

(1) Major displayed grid：此选项用来定义主格点之间的间距。

(2) Suppress major grid if(后略)：显示出来的格点的间距是随着版图区域的放大而改变的。如果主格点之间屏幕像素的数目少于这个区域中所填入的值，主格点将被隐藏。

(3) Minor displayed grid：此选项定义了次格点之间的绝对距离。

(4) Suppress minor grid if(后略)：当次格点之间的屏幕像素的个数低于此项中设置的值时，次格点将被隐藏。

(5) Cursor type：此选项定义了指针移动的方式。Snapping 是指指针以相邻次格点之间的距离为一个移动单位跳跃式移动；Smooth 是指指针平滑移动，不受任何约束。

(6) Mouse snap grid：定义鼠标步进格点的绝对值。在此填入的值是以"显示单位"为单位的最小绝对值，所有的绘图和编辑坐标都以此格点值取整。

(7) Manufacturing Grid：设置制造格点之间距离的绝对值。在 DRC 的选项 Flag off-grid 中会对没在制造格点上的图形的顶点和例化单元进行识别。

(8) Display curves using manufacturing grid：此选项被选中，一些带有曲线的对象(例如圆形、圆环面形)曲线并不显示成光滑的曲线，而是以制造格点取整的各顶点连成的曲线。

4.3.4　L-Edit 绘图层的设置

在版图编辑器中，要在一个已经激活的文件中编辑绘图层，可在绘图层调色板中点击右键，然后选择命令 Setup→Layers，或直接双击鼠标，打开 Setup Layers 对话框，如图 4.17 所示。

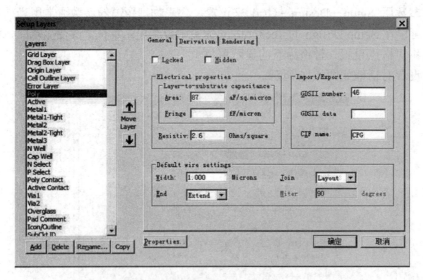

图 4.17　绘图层设置对话框

在该对话框的左侧列出了激活的文件中所有已定义过的绘图层。在这些绘图层中，衍生绘图层位于其他类型绘图层的下方。绘图层设置对话框中设置了六个功能按钮，分别是 Add、Delete、Rename、Copy、Move Layer 和 Properties，具体的含义介绍如下。

(1) Add：要在绘图层列表中加入新的绘图层，点击"Add"按钮，则一个名为 New

Layer[n]的绘图层将会被加在绘图层列表中。对于新加的绘图层，绘图层设置对话框右边相应的数值设置栏的数字都被清空。

(2) Delete：点击"Delete"按钮可以将所选择的绘图层删除，而绘图层只有在没有利用其创建任何图形的时候才能被删除。如果某绘图层已被用于图形创建，则"Delete"按钮变为灰色，即不能被选中。

(3) Rename：点击"Rename"按钮可以更改绘图层的名字，也可以通过在绘图层列表中双击绘图层重新命名。所有绘图层的名字都不会有重名的现象。

(4) Copy：点击"Copy"按钮可以添加一个已存在的绘图层的复本。具体操作是在绘图层列表中选中某一个绘图层，然后点击"Copy"按钮，则新的绘图层将被添加在所选绘图层的下面，并且其名字的前半部分为"Copy of"，后半部分为源绘图层的名字。

(5) Properties：打开 Properties 对话框可以对绘图层定义多个属性。

(6) Move Layer：利用 Move Layer 上下方的箭头"↑"和"↓"，可以将对话框左侧绘图层列表中所选的绘图层向上或向下移动，以改变其在列表中的位置。

4.4　L-Edit 的单元

单元是集成电路设计中的基本部分，每个设计文件中可以包含多个单元。单元可以是在版图编辑器中画好的对象，也可以是包含由绘图层生成代码产生的绘图层的单元，还可以是其他单元的例化单元。

4.4.1　创建新单元

要创建一个新单元，选择命令 Cell→New，或者点击快捷键 N。创建新单元的对话框如图 4.18 所示。

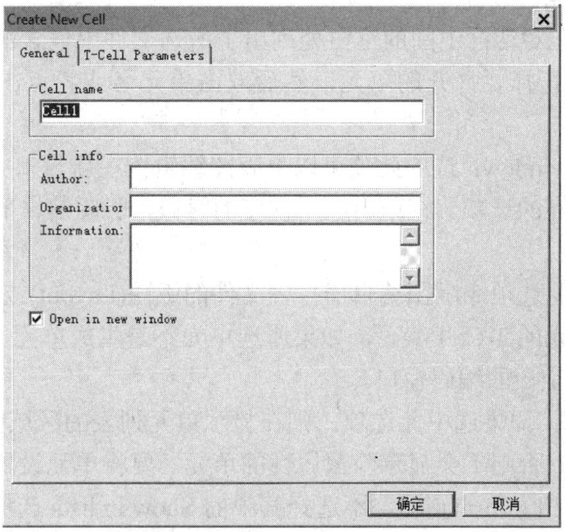

图 4.18　创建新单元的对话框

在对话框的通用(General)标签中可以填入一些单元的基本信息，这些信息包括单元名

(Cell name)、单元信息(Cell info)和在新窗口中打开单元(Open in new window)。其中在单元信息(Cell info)栏里需要填入的信息包括作者(Author)、组织(Organization)和一些简单的说明信息(Information)。

4.4.2 打开单元

要打开一个单元，选择命令 Cell→Open，或利用快捷键"O"。打开单元对话框如图4.19 所示。

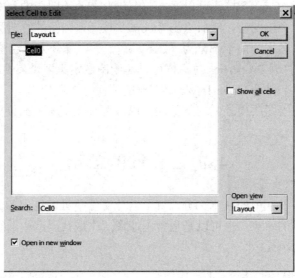

图 4.19 打开单元对话框

打开单元对话框中各选项的说明如下。

(1) File：选择要打开的单元所在的文件名。文件可以是当前默认文件，也可以从旁边的下拉列表中选择其他已经打开的文件。

(2) Cell 区域：在对话框中间的空白处列出了所选文件中包含的构成此文件的所有单元。在单元的列表中选择要打开的单元，然后双击单元名或者点击对话框的确认键，即"OK"按钮。

(3) Open in new window：选中此项可以令版图编辑器在新窗口中打开单元，在创建新文件对话框中也有同样的选项。在退出应用程序的时候，版图编辑器将此选项复选框中的最后的状态进行保存。

(4) Open view：此选项令版图编辑器打开文件的版图(Layout)或者文本(Text)窗口。单元的文本包含所选单元的 T-Cell 编码，如果所选单元不是生成单元，则在此项选择 T-Cell code 时将会产生一个空白的编码窗口。

(5) Show all cells：如果选中此选项，则在显示单元列表的区域中会显示所有的单元，包括隐藏属性的单元，否则不会显示隐藏属性的单元。要将单元设置为隐藏单元，可以利用命令 Cell→Info→Cell Information，不选择其中的 Show in lists 选项。

在单元列表中，如果显示的单元名为黑体字，则表示此单元已经被编辑过，而且在编辑后没有被保存，此时在 T-Cells 旁边会有一个"❀"符号。如果在版图中选中了一个例化单元，则在打开单元对话框中，其单元名将会被突出显示。如果有多个例化单元被显示，则最后一个被例化的单元名将会被突出显示。

如果没有任何例化单元被选中，则最后一个被打开的单元名将会被突出显示。除了在列表中选择要打开的单元名外，还可以在 Search 区域中直接输入要打开的单元名。当 Search 区域输入单元名时，版图编辑器会自动在单元名列表中显示单元名开头字母与输入字母相同的单元名。

4.4.3　拷贝单元

对同一个文件内的单元可以进行拷贝，也可以从其他打开的文件中将单元拷贝到当前文件。当一个单元被拷贝后，新的单元就产生了，在新单元中将包含源单元的所有内容。如果新单元是从其他文件中被拷贝过来的，则在源单元中定义的例化单元也将被拷贝过来。

利用版图编辑器也可以拷贝单元的一部分，然后将其粘贴到新的单元中。

拷贝单元的命令为 Cell→Copy，或点击快捷键 C，或点击工具栏中的拷贝单元图标。选择要拷贝单元的对话框如图 4.20 所示。

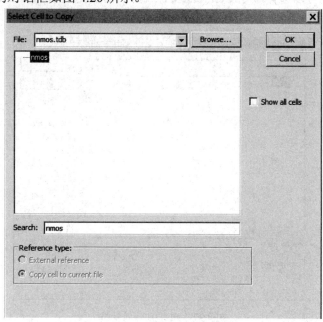

图 4.20　拷贝单元对话框

拷贝单元对话框的各个选项介绍如下。

(1) File：显示当前激活的文件，也可以从旁边的下拉列表中选择别的文件。在下拉列表中，打开但没有激活的 TDB 文件名以红色字体显示，参考 TDB 文件以蓝色字体显示。在 File 栏所选文件中的所有单元都显示在其下的列表中。

(2) Search：在后面的空白处输入单元名或在上面的单元列表中进行选择，选中的单元将在单元列表中被高亮显示。点击"OK"按钮将打开拷贝单元对话框。

(3) Reference type：包括两个子选项，External reference 和 Copy cell to current file。其

中，External reference 是指创建一个所选单元的参考单元到当前文件中，关于参考单元将在后面详细介绍；Copy cell to current file 是指将指定的单元拷贝到当前的文件中。当要拷贝的单元包含在当前激活的 TDB 文件中时，则这两个子选项都不可用。

(4) Show all cells：此项被选中，则在单元列表中显示所有类型的单元，包括隐藏类型的单元，否则，不会在单元列表中显示隐藏类型的单元。

如果被拷贝的单元也在当前文件中，则需要对新单元另命名，以免与源单元重名。新的文件名应在 Cell Copy 对话框中输入。

如果被拷贝的单元与拷贝后的单元分别在不同的文件中，则拷贝过程将自动进行，即在选择要复制单元的对话框中所有选项选择完毕并点击确认键后，单元将自动被拷贝到当前文件中，除非拷贝的新单元与当前文件中的单元发生重名。若版图编辑器检测到有重名的情况发生，就会弹出一个对话框，从对话框中选择适当的操作来解决重名问题，并完成拷贝操作。

4.4.4　单元删除

要删除单元，可以选择命令 Cell→Delete 或者点击快捷键 B。版图编辑器显示选择要删除的单元对话框，如图 4.21 所示。

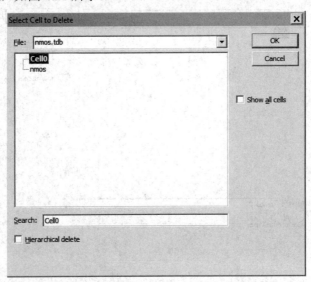

图 4.21　单元删除对话框

单元删除对话框中各个选项介绍如下。

(1) File：当前激活的 TDB 文件的文件名，在其后的下拉列表中列出了所有打开的 TDB 文件的文件名。

(2) Cell 区域：指定的文件所包含的单元显示在下面的列表中。不能被删除的单元旁边用一个"×"标志来进行识别。在单元列表中选择要删除的单元名，并点击确认键"OK"按钮就可以删除单元了。

(3) Hierarchical delete：选中这个方框会导致选中单元中所有被例化的单元也被删除，除非在其他单元中也对此选中单元进行了例化。

4.4.5　单元重命名

要对当前激活的单元进行重命名，只需要选择命令 Cell→Rename，或点击快捷键 T，或选择 Cell→Close As 命令。单元重命名对话框如图 4.22 所示。

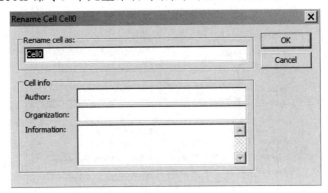

图 4.22　单元重命名对话框

单元重命名对话框中各个选项介绍如下。

(1) Rename cell as：填入激活单元的新名字。

(2) Cell info：如果单元的基本信息需要更改，则分别在 Author、Organization 和 Information 后的空白处填入新的内容。

在前面介绍的更改单元名的各种方法中，使用命令 Cell→Close As 会将当前单元的内容复制到更名后的新单元中，并将当前的文件关闭且不保存。如果将该命令用于 T-Cell，则不管是对源单元还是新单元都会保存。

4.4.6　单元恢复

单元恢复是指撤销对单元所做的修改，使用命令 Cell→Revert Cell。需要注意的是，对单元进行的以下操作不能被撤销：File→Save，Tools→Generate Layers，Tools→DRC，Tools→Extract，Draw→Assign GDSII Data Types，Draw→Clear Rulers，Tools→Clear Generate Layers，Tools→Clear Error Layers。单元恢复的对话框如图 4.23 所示。

另外，对 T-Cell 编码所做的修改也不能被恢复。

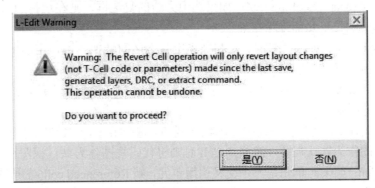

图 4.23　单元恢复对话框

4.4.7　单元信息

利用命令 Cell→Info 可以对激活单元的信息进行编辑，单元信息编辑对话框如图 4.24 所示。

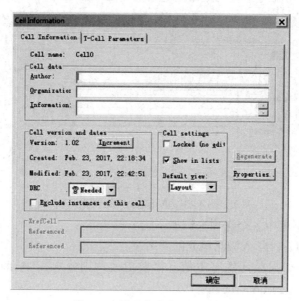

图 4.24　单元信息编辑对话框

单元信息编辑对话框中的部分选项介绍如下。

(1) Cell name：激活单元的名称。

(2) Cell data：单元的数据，包括作者(Author)、组织(Organization)和激活单元的一些基本信息(Information)，基本信息中所包含的字符数最多为 256 个。

(3) Cell version and dates：单元被创建及最后被修改的日期和时间。版本编码系统提供了一个对单元的改变进行跟踪的内部计算方法。旁边的"Increment"按钮可以增加版本号的整数位，例如从 1.4 到 2.0。在每次对单元进行修改和保存的时候，版图编辑器会自动增加小数位，例如从 1.4 到 1.5。

(4) DRC：单元的 DRC 状态，可能的状态有 Needed、Passed 或 Failed 三种。

(5) Exclude instances of this cell：如果选中旁边的复选框，则在运行 DRC 的时候会将这个单元所有的例化单元都排除在外。

(6) Locked：将单元的状态在锁定和被锁定状态之间转换。被锁定的单元不能够被编辑，但是可以被选择并复制到其他单元，也可以被其他单元例化。

(7) Show in lists：如果选中此项，则单元将以单元列表的形式出现，与在设计导航窗口中出现的方式类似。

(8) Default view：选择打开此单元的默认视图。选择 Layout 时则在打开此单元的时候会将其版图视图作为默认视图，选择 T-Cell 时则将代码视图作为默认视图。

(9) XrefCell：如果此单元是一个交叉引用单元，则 Referenced cell(截屏图未显全)是被参考单元的名字。在参考单元的单元信息对话框中，如果信息属于被参考单元，则这些信息是只读的，不能被编辑。

(10) Properties：打开单元的属性对话框。

除了上述属性外，单元中所包含的对象的类型和绘图层也能列出来。要列出单元中的对象类型，可使用命令 Cell→Cell Object Summary。对单元中所用到的每个绘图层上的对象的类型和数量进行统计，使用命令 Cell→Layer Cell Cross Reference 可以列出设计文件中所用到的绘图层，并给出单元的名称。

4.4.8　例化单元

单元的类型可以分为三种：基本单元、由 T-Cell 编码和参数生成的单元以及例化单元。其中，基本单元是由几何图形形成的单元；由 T-Cell 编码和参数生成的单元用来指导在其他单元中生成版图；例化单元是指所参考的其他单元。在设计中使用例化单元可以减少内存的占用量。

例化单元在一个单元的特殊位置和方向上引用了另一个单元。被例化的单元可以是基本单元，也可以是基本单元和例化单元的组合。例化单元也可以是从 T-Cell 编码中生成的单元。称被例化的单元为源单元。如果对源单元做出修改，则所做出的修改将被自动传播到所有引用它的例化单元中。如果源单元是通过 T-Cell 编码生成的，则改变 T-Cell 编码将会导致源单元和例化单元被标记上 "out of date"，这种情况下可以通过命令 Tools→Regenerate T-Cells 对例化单元进行更新。

在层次化的版图设计中，单元、基本单元和例化单元组成了树状的层次化结构。基本单元在树状结构的底部，包含大量例化单元的单元在树状结构的顶部。对某个单元做出修改，则在它上面调用它的所有例化单元都将受到影响。层次化设计的树状结构如图 4.25 所示，在这个结构中，三角形代表例化单元，圆形代表基本单元。

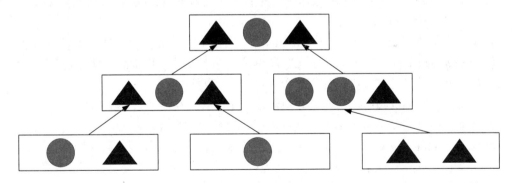

图 4.25　层次化设计的树状结构图

1. 如何创建例化单元

例化单元可以从当前激活的 TDB 文件中调用，也可以从其他 TDB 文件中调用。

创建例化单元的方法有两种：

(1) 打开设计导航界面，从导航界面中将要例化的源单元拖到当前单元中，并通过点击鼠标将其放置在适当的位置。

(2) 使用命令 Cell→Instance，或点击快捷键 I，或点击绘图工具栏中的例化图标" ⚇ "，都可以打开选择例化单元对话框，如图 4.26 所示。

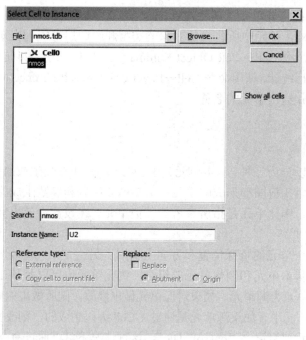

图 4.26　选择例化单元对话框

选择例化单元对话框中常用的选项介绍如下。

(1) File：激活文件的名字或其他从下拉菜单中指定的文件名。在下拉菜单中，红色的字体表示这是一个 TDB 文件，但没有被激活；蓝色的字体表示这是一个交叉引用的 TDB 文件。要查看一个当前没有打开的文件，则点击"Browse"按钮。

(2) Cell 区域：在单元列表中选择单元的名字。双击单元名或点击确认键"OK"就可以创建该单元的例化单元。

注意：在抽取网表后，同一个单元中的每个例化单元都要有一个独一无二的名字。

(3) Reference type：如果例化单元的源单元所在的文件不是激活文件而是其他文件，则此选项可用。从其他文件中创建例化单元的方式有两种：

① External reference：在当前文件中创建一个交叉引用单元，然后将此交叉引用单元例化到本单元中。当交叉引用单元改变的时候，更新例化单元。

② Copy cell to current file：将单元复制到当前文件并创建复制单元的例化单元。

如果要在交叉引用文件中对一个单元进行例化，而此单元在交叉引用文件中已经存在，则实际的例化操作将在已经存在的交叉引用单元中进行。

(4) Replace：用一个指定单元的例化单元来代替版图区域中的例化单元。选中此选项后，其下面的两个选项可用：

① Abutment：在版图中将选定的例化单元与其替代单元按照邻接端口进行对准。邻接端口是一个带有文字的方框端口。当选择此项作为替代单元的放置方式时，版图编辑器将会比较两个单元的端口名和尺寸，如果二者相匹配，新的例化单元将被放在与原单元相同的位置上；如果二者不匹配，或者两个单元中没有邻接端口，则版图编辑器会提示是否允许将两个单元的中心对准来放置替代单元。

② Origin：在版图中将选定的例化单元的替代单元按照原点进行排列，即替代单元与

原单元在坐标系中的位置是相同的。

(5) Show all cells：当此项被选中时，在列表中显示所有的单元，包括被隐藏的单元。由 T-Cell 自动生成的单元将被版图编辑器自动设为隐藏状态。

在单元列表中，单元名为黑体字表示该单元已经被编辑和修改，但是还没有被保存。可以利用版图编辑器的搜索功能代替滚动和点击单元列表来选择单元，具体方法是在 Cell 区域中输入单元名，版图编辑器会自动寻找单元名与之匹配的单元。例如，输入一个字母 g，则单元名以 g 或 G 开头的单元都会被高亮显示。

注意：单元不能作为自身的例化单元。

2. 创建例化单元的阵列

阵列是对例化单元的二维排列，在垂直或水平方向上间隔指定的数值。单个例化单元也可以看作是一个 1×1 的阵列。

要创建一个阵列，首先要选择例化单元，并利用命令 Edit→Edit Objects，或点击快捷键 Ctrl + E，或点击编辑对象图标"⌒"来打开编辑对象(Edit Object)对话框。

如图 4.27 所示，在编辑对象对话框的 Coordinates(Lambda)框中，填入水平和垂直方向上的重复数以及在 X 轴和 Y 轴方向上阵列单元之间的间隔。也可以通过对例化单元进行组合来创建阵列。

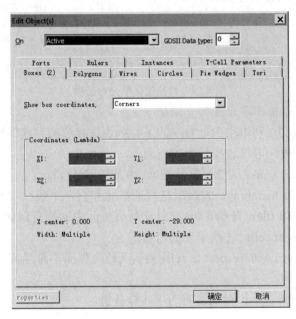

图 4.27　编辑对象对话框

3. 编辑例化单元

例化单元实际上并不包含单元几何图形，它只是对源单元的一个参考。要编辑一个例化单元的内容，必须编辑它所参考的源单元。一个例化单元是不能被改变形状、切割或融合的，它的顶点和边也都不能被独立编辑，但例化单元作为一个整体可以被移动、旋转、翻转、替换及标注文字。

如果一个例化单元中包含画在一个锁定绘图层上的对象，那它是不能被编辑或移动的。要编辑或移动此类例化单元，首先必须将锁定绘图层解除锁定。

要想编辑例化单元或阵列的内容，可以通过两种方式来实现：

(1) 对源单元进行相应的修改。

(2) 利用命令 Edit→Edit In-Place 在本地进行修改。但是这个修改操作实际上也是改动在源单元上的，而且这个修改会传递到所有调用此源单元的例化单元和阵列中。

对例化单元的替换操作：利用替换操作可以将某个类型的所有例化单元都替换为另一类型。替换操作的命令是 Cell→Replace Instance。需要注意的是，这个操作是不能够被撤销的。与该命令对应的对话框如图 4.28 所示。

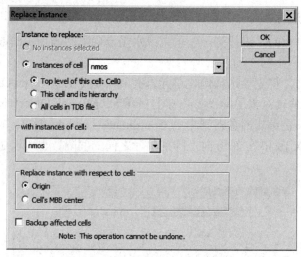

图 4.28　替换例化单元对话框

替换例化单元对话框中各个选项介绍如下。

(1) Instances of cell：利用空白处右端的下拉列表选择要被替换的例化单元的名字。在其下方提供了三个选项，可以选择替换的范围。

① Top level of this cell：只替换单元最顶层的相关例化单元。

② This cell and its hierarchy：替换所选择的单元和它各个层次中的相关例化单元。

③ All cells in TDB file：替换 TDB 文件中所有单元中的相关例化单元。

(2) with instances of cell：替换单元的名字。

(3) Replace instance with respect to cell：当从其他文件而不是当前文件中选择替换单元的时候，此项是可选的。

(4) Backup affected cells：对受影响的单元做备份。

4.5　L-Edit 中的绘图对象

版图编辑器中的绘图对象代表了电路的基本元素和类型，是构成单元的基本元素。

4.5.1　绘图对象的类型及对应绘图

对绘图对象最基本的操作就是绘图。在版图编辑器中，每种类型的对象都与绘图工具栏中的一个工具相对应。对象的类型、工具栏中对应的图标以及对此类型对象的详细描述总结在表 4.7 中。

表 4.7　对象类型与工具对照表

对象	图标	详　细　描　述
方框	□	四个顶角都是 90° 的长方形或正方形
多边形	⌐◹◁	任意个顶角的多边形
线条	⌐╲─	拐角为 90°、45° 或任意角度的直线段
圆	○	由圆点和半径定义的圆形
扇形	◮	圆形的一部分，由原点、半径和半径扫过的角度定义
圆环面	◿	圆形的一部分，由原点、两个半径(外半径和内半径)及两个半径扫过的角度定义
端口	ᴀ	用于标识端口的文本框
标尺	╌╌ ╲ ╌╌	用来测量版图的直线，其终端类型和标尺上的核对符号是可选的
例化单元	▦	从其他单元调用单元的符号代表

绘图工具由绘图工具栏中的图标表示，如图 4.29 所示。前面已经详细介绍过绘图工具栏的各个图标，这里就不再重复了。要选择一个图标，只需要将光标移动到图标的位置，然后点击鼠标左键就可以了。在选择另一个工具之前，版图编辑器将一直保持着此工具的功能。要将工作状态切换到选择对象的状态，则点击“ ▲ ”按钮。

图 4.29　绘图工具栏

绘图工具栏显示的模式有四种：直角模式、45°角模式、任意角度模式和任意角度&曲线模式。四种模式之间的切换方法有两种：

(1) 将光标放在绘图工具栏并点击鼠标右键，在弹出的菜单中选择直角模式、45°角模式、任意角度模式或任意角度&曲线模式。

(2) 利用命令 Setup→Application→General 并在 Drawing mode 中选择绘图工具栏的显示模式。

4.5.2　利用绘图工具进行绘图

绘图是版图设计中最基本的操作，在对绘图对象进行绘图之前，首先要选择绘图层和绘图工具。

1. 绘图层和绘图工具的选择

在绘图前，首先要选择一个绘图层，对象就在所选的绘图层上绘制。若一个绘图层被选中，则在简化绘图层调色板上，相应的绘图层图标就会被标记出来，并且绘图层名称会出现在简化绘图层调色板的顶端。

绘图层的选择方式有两种：

(1) 直接从绘图层调色板上选择绘图层的图标，或者从下拉列表中选择绘图层的名字。

(2) 使用命令 Draw→Pick Layer 或者快捷键 A，可以将当前绘图层更改为光标最后指定的对象的绘图层。

在选定绘图层后还要选择绘图工具，然后才能进行绘图操作。选择绘图工具时只需要在绘图工具栏中点击所需的工具图标就可以了。

在开始绘图之前还要选择好绘图的位置，即确定定位点(可以参照十字交叉标志)。

2. 绘图方法介绍

要画一个绘图对象，只要点击鼠标的绘图功能键(左键)即可开始画图。下面将详细介绍各个绘图对象的画法。

(1) 方框：定位点所在的位置是方框的四个顶点之一，然后按住鼠标左键并拖动鼠标来确定与定位点所在顶点相对的顶点，并由此确定方框的长与宽。

(2) 圆：定位点是圆的圆心所在，按住鼠标左键并拖动鼠标与圆点形成一定的距离来确定圆的半径。

(3) 扇形：定位点是扇形的中心，确定好定位点后，鼠标的左、中、右三个键的功能分别为确定扇形顶点、后退及绘图结束。

创建一个扇形的方法是：点击鼠标左键后拖动光标离定位点一定的距离，然后再次点击鼠标左键，这段距离就是扇形的半径。如果此时想修改半径的大小，则点击鼠标中键，回到上一个步骤，重新确定半径的值。半径值确定后围绕中心拖动光标到需要的角度，然后点击鼠标右键，结束绘图。在绘图结束之前每一个步骤都可以通过点击鼠标中键进行后退。

(4) 圆环面：定位点所在的位置是圆环面的中点。与绘制扇形类似，在点击鼠标左键确定好定位点后，鼠标三个键的功能为确定顶点位置、后退及绘图结束。

创建圆环面的步骤是：首先点击鼠标左键确定圆环面中心的位置；然后拖动光标一定的距离，并再次点击左键，这个距离就是外半径的长度；最后移动光标确定内半径和扫过的角度，点击左键或右键结束绘图。同样在结束绘图之前点击鼠标中键可以回退到上一个步骤。

(5) 多边形和线条：定位点所在的位置即点击鼠标左键时光标所在的位置是多边形或线条的第一个顶点的位置。多边形或线条的顶点的个数可以有任意个。定位点确定好之后，鼠标键的功能变为确定顶点位置、后退及绘图结束。

创建多边形或线条的步骤是：首先点击鼠标左键，然后移动光标确定第二个顶点的位置，接着再移动光标确定第三个顶点的位置，依此类推，直到最后一个顶点确定完毕，最后点击鼠标右键结束绘图。在结束绘图之前，点击鼠标中键可以取消最后确定的顶点的位置。

在绘制多边形的时候，容易出现的两类错误是：多边形自相交和多边形填充内容不明确。两种错误都容易导致生产时的制造错误。

在绘制或编辑一个有自相交错误的多边形的时候，版图编辑器会显示警告信息。可以通过在相交处将多边形打开形成多个多边形来纠正此类错误。对于自相交线段的处理方法也是类似。

自相交多边形的例子如图 4.30(a)所示。多边形自相交的情况有多种，其中有一种自相交会产生没有明确定义的填充区域，如图 4.30(b)所示，图中的白色区域在进行生产的时候可能不会被填充。

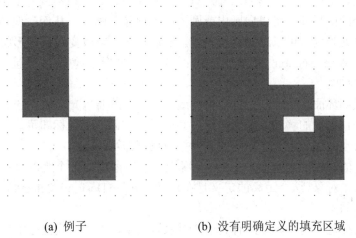

(a) 例子　　　　　　　　　　　(b) 没有明确定义的填充区域

图 4.30　自相交多边形

(6) 曲线：利用任意角度绘图工具或者鼠标快捷键可以将一个已经存在的直角、45°角或任意角度的多边形的一个直线边转换成曲线，曲线的两个端点在原来的边上。这个操作只适用于已经存在的多边形(不适用于方框)，不能直接创建一个带有曲线边的多边形。

创建曲线的具体操作步骤如下：

① 选择 All Angle & Curves 显示模式。用选择边缘的鼠标功能按钮 Ctrl + 鼠标边缘选择功能键，通过点击选择多边形的一条边(如果选择的不是一条边而是整个多边形，则转换的时候有可能在任意一条边上添加一个顶点)。

② 用鼠标快捷键(Ctrl + 鼠标中键或 Alt + Ctrl + 鼠标左键)拖拉选中的边，调整弯曲角度。

(7) 端口：版图中的端口可以是点、线或方框。定位点就是端口所在的位置。在画端口之前首先要选中工具栏中的添加端口图标" "。要添加"点"端口，则在版图中需要添加定位点的地方点击鼠标左键，此时光标所在的位置就是定位点的位置。要添加"线"端口，则在定位点处点击鼠标左键并沿水平或垂直方向拖一定的距离形成"线"端口。添加"方框"端口的方法是在定位点处点击鼠标左键，并拖拉光标形成一个方框。在松开鼠标左键的时候会出现 Edit Object→Ports 对话框，提示添加端口名字、坐标以及端口名的文字大小、文字方向和文字对齐方式。

(8) 标尺：画标尺之前首先要根据需要选择工具栏中标尺图标" "中的一个，按住鼠标左键并拖拉光标形成标尺，在标尺长度达到要求后松开鼠标左键。要改变标尺的属性(例如标尺所在的绘图层、文字大小、结束方式、标尺上的核对符号设置等)，使用命令 Setup→Design→Drawing。

4.5.3　利用绘图工具对绘图对象进行图形编辑

对绘图对象的图形编辑是版图设计中的基本操作之一，可以利用鼠标或键盘改变绘图对象的尺寸、形状，将绘图对象进行拉伸，为多边形或线条添加顶点，将对象进行切割、融合、截取等。

1. 改变绘图对象的尺寸或形状

要改变方框、端口或多边形的尺寸，只需要移动对象的一条边或一个顶点即可。

要改变一个圆的尺寸，可以向圆内或圆外的方向拉其圆弧，从而改变其半径的大小。

要改变线条的长度，可以选择其一条边，然后拉伸；要改变线条的形状，可以通过命令 Draw→Add Wire Section 来添加顶点；要改变线形的宽度，只能通过命令 Edit Object→Wire 来实现。

对于扇形或圆环面，要改变扫过的角度或半径，只需要将光标放在选中的对象的一条直边上，然后按住鼠标的移动或编辑按钮，并向目标方向拖动鼠标即可。要改变其半径，只需要将光标放在曲线边上并向指定的方向拖动鼠标即可。

在选择对象的时候，光标不必非要在对象上，在对象外的某个距离范围之内通过点击鼠标左键也能选中对象。这个距离的定义是在执行 Setup→Design→Selection 命令后所弹出的对话框内完成的。

在对象的选择范围内，如果没有其他的对象被选中，直接按住鼠标中键并移动，则可以完成对象的移动，这时对象并不是明显被选中，因此在移动操作完成之后，对象将恢复到不被选中的状态。

2. 拉伸操作

在版图编辑的过程中，有时需要同时改变方框、多边形、线形、扇形、圆环面或端口以同样的大小，这时可以借助于拉伸操作。拉伸操作是指选中对象的一个边，然后按住鼠标中键向某个方向拉伸一定的距离。在拉伸的过程中，可以一直按住 Shift 键保证拉伸成直线，即对象的边只能沿垂直或水平方向移动。拉伸操作如图 4.31 所示。

图 4.31　拉伸操作

3. 切割操作

利用切割操作可以将对象在垂直或水平方向上进行分割。具体操作方法是：首先选中要切割的对象，然后选择切割命令，最后在所选对象的适当位置进行切割。

切割命令有三种，分别是水平切割命令、垂直切割命令和任意角度切割命令。水平切割命令是 Draw→Slice→Horizontal 或选择水平切割图标 ，可以将对象沿水平方向切割；选择 Draw→Slice→Vertical 命令或垂直切割图标 可以将对象沿垂直方向切割；选择 Draw→Slice→All Angle 命令可以沿任何方向对对象进行切割。与任意角度切割命令对应的对话框如图 4.32 所示。

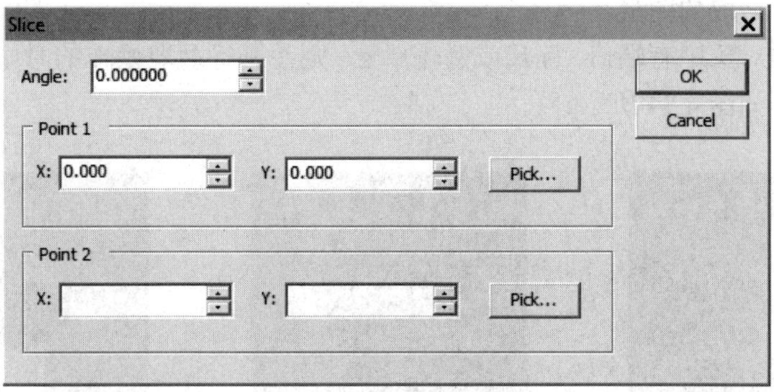

图 4.32　与任意角度切割命令对应的对话框

任意角度切割线的指定方法有两种，既可以通过在对话框中填入角度值和一个点 (Point1)的坐标值来确定，也可以通过填入切割线的两个点的坐标值来确定。

当执行切割命令的时候，视图自动缩放到能包括所有已选对象的大小，并且在屏幕中会出现一条水平或垂直的切割线用来指示在哪里切割对象。切割线是随光标移动的，直到点击鼠标左键将对象切割为两半。端口、标尺和例化单元是不能被切割的，如果选择的对象中有这些对象，则在进行切割操作时会将其忽略。

4. 融合操作

截断或相交的多个绘图对象(方框、多边形、线形、圆形、扇形或圆环面等)可以通过 Draw→Merge 命令融合到一起。被融合的对象必须在同一个绘图层上。如果所选的对象包括多个绘图层，则版图编辑器会自动将相同绘图层的对象分别进行融合。融合前后的图形如图 4.33 所示。

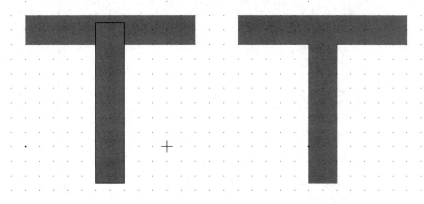

图 4.33　融合前后的图形

5. 截取操作

截取操作是指从选择的对象中切除掉一部分。要完成截取操作必须经过的步骤有：

(1) 选择目标对象。目标对象可能是单个也可能是多个，多个对象可以在不同的绘图层上。

(2) 选择用于截取的画图工具。

(3) 选择命令 Draw→Nibble 或快捷键 Alt + X 或绘图工具栏中的截取图标(),并在已选的对象中画出要截取的图形。

如果选择的对象中有端口、标尺或例化单元,则在进行截取操作的时候会将其忽略掉。截取操作的过程如图 4.34 所示。

图 4.34 截取操作过程

4.5.4 利用文本方式对绘图对象进行图形编辑

要编辑对象,除了可以使用绘图工具外,还可以使用文本方式。利用文本方式编辑对象的方法是:首先选中绘图对象,然后选择命令 Edit→Edit Object 或者使用快捷键 Ctrl + E,或者双击鼠标的移动/编辑功能键,或者点击编辑对象的图标 。在执行上述几个命令之一后,会出现 Edit Object 对话框,如图 4.35 所示。

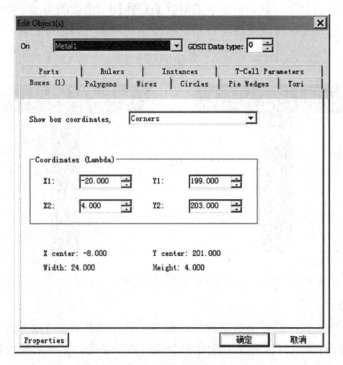

图 4.35 文本方式编辑对象的对话框

在文本方式编辑对象对话框中包含有 Boxes、Polygons、Wires、Circles 和 Pie Wedges

等标签，还包含 On layer(Metal1)、GDSII Data type、Properties 等选项和按钮。其中 On layer 是指当前选择的对象所在的绘图层，这可以通过从下拉列表中选择新的绘图层进行改变。GDSII Data type 选项对应了一个范围在 0～63 的整数，这个数字主要用于从版图编辑器向外输出 GDSII 文件的时候配置所选对象的 GDSII 数据类型值。Properties 打开所选对象的 Properties 对话框，只有当一个对象被选中的时候此选项才可用。

　　利用 Edit Object 对话框也可以同时对多个对象进行编辑，对话框中每个标签的名字后面都会显示出所选择对象的个数。当多个对象的属性不同的时候，受影响的区域会呈深灰色，以表明对于这些属性存在多个值。这些深灰色的区域是可以编辑的，当在这些区域中填入新的值时，所有选中对象的相关值将变为新填入的数值。例如，图 4.36(a)中两个在不同绘图层上的对象都被选中，在编辑对象对话框中关于绘图层和坐标的选项都呈深灰色。如果在绘图层选项中填入新的绘图层，则两个对象所在的绘图层同时变为所填入的新的绘图层，如图 4.36(b)所示。

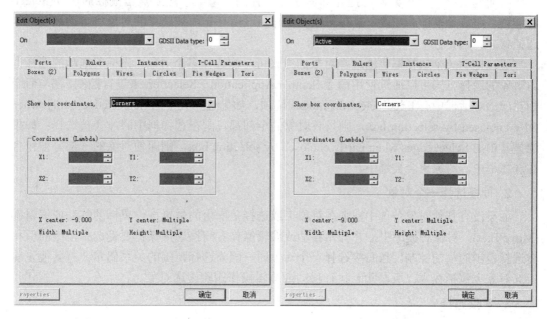

　　(a) 两个在不同绘图层上的对象都被选中　　　　　(b) 在绘图层选项中填入新的绘图层

图 4.36　两个对象同时编辑的对话框

4.6　L-Edit 中的对象编辑

4.6.1　选择对象

　　选择一个对象后，在默认的情况下，被选择的对象被加上外边框；通过修改绘图层的设置可改变被选对象的显示方式。

　　如果同一个单元有多个视图被打开，若在该单元中有被选择的对象，则在所有的视图中都将显示被选择的对象。如果所选对象是一个例化单元的一部分，则所选部分只在源单元中显示。

　　在版图编辑器中提供了多种使用绘图工具栏中的选择按钮"🔍"来选择对象的方法。在点击了绘图工具栏中的选择按钮后，还要使用鼠标功能键(左键、中键或右键)才能执行一定的选择操作。表 4.8 中对选择对象的基本方法进行了总结。

表 4.8　选择对象的基本方法

操　作	使用鼠标功能键
在执行某一操作前明确选择一个或者一系列对象	选择键(Select)
在对对象执行某个操作的过程中，对此对象进行选择	移动或编辑键(Move/Edit)
添加一个对象到一系列已经选中的对象中	Shift + 选择键(Select)

1. 明确选择一个对象

　　要明确选择一个对象，可把光标放在要选择的对象上，然后点击鼠标的选择(Select)功能键，通常是鼠标的左键。执行了以上操作后，所有先前被选择的对象将自动恢复到未选择状态。

　　通过拖动一个选择框包围选择对象的方式可一次选择多个对象。光标所拖动的选择框内对象的选择方式可以通过使用命令 Setup→Application→Selection 来进行控制。在与命令相对应的对话框中有 Edge selection modes 选项，如果选择其中的 Select edges only when fully enclosed by selection box，则只有对象的全部都包围在选择框中时才会被选择；如果选择其中的 Select edges when partly enclosed by selection box，则即使对象的一部分被包含在选择框中，对象也会被选中。

2. 间接选择一个对象

　　如果没有其他对象被选中，则在对象上或选择范围内的位置按住鼠标的移动或编辑键(Move/Edit)，对象将被选中，并开始移动或编辑操作。间接选择操作要受选择范围的值和非选择范围的值的控制。当间接选择一个对象时，因为选择范围的关系偶尔会将其他先前所选对象也包括在内，所以此时执行移动或编辑操作删除误选对象。

3. 扩展选择

　　如果已经选择了一部分对象，若要添加新的对象作为选择对象，则可以使用添加选择对象的命令 Shift + Select。在执行扩展选择的命令后，先前所选的对象仍然保持被选中的状态。

4. 循环选择

　　当在几个对象的选择范围内重复点击鼠标的选择功能键时，版图编辑器循环选择每个对象。第一次点击所选的对象是最靠近的对象，在相同位置再次点击鼠标将会放弃先前所选的对象，而选择离它第二近的对象，依此类推，直到选择范围内距离最远的一个对象，在此之后再点击鼠标，所有对象将恢复到未被选择的状态，继续再点击鼠标则将从头开始重复刚才的过程。在窗口左下方的状态栏中将显示哪些对象被选中。

5. 边选择

　　除了对整个对象进行选择外，还可以单独选择对象的边，如图 4.37 所示。

图 4.37　边选择

选择边的方式是点击键盘的 Ctrl 键，同时在需要选择的对象的边上点击鼠标右键(Ctrl + Right Select)。要选择多条边，可以在多条边上按着鼠标拉一个选择框。如果在应用设置的选择栏(Setup Application→Selection)中选择的模式是 Select edges only when fully enclosed by selection box，则选择框要将被选边完全包围在其中，如图 4.38(a)所示；如果选择的是 Select edges when partly enclosed by selection box 模式，则只要将被选边部分包含在选择框中就可以了，如图 4.38(b)所示。使用命令 Shift + Ctrl + Right Select 可以先后选择多个边。

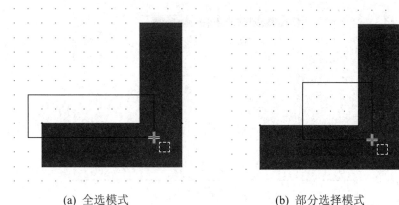

(a) 全选模式　　　　　　　　　　　　(b) 部分选择模式

图 4.38　被选边与选择框的位置关系

要将当前单元中的所有对象都选中，可以使用命令 Edit→Select All，或者使用快捷键 Ctrl + A。

4.6.2　取消对象选定

将对象取消选定会导致它(们)不能应用于下面的编辑操作中，而规定取消选定对象的范围可以避免将需要选择的对象取消选定。

1. 直接取消选定

如果有多个对象被选中，要直接将一个已选对象取消选定而不影响其他的对象，只需要将光标放在对象的取消选定范围之内，并用取消选定的鼠标操作(Alt + Right Select)。在一个没有被选中的对象附近或在所有被选中对象的取消选定范围之外点击键盘和鼠标按钮(Alt + Right Select)将不会有任何影响。

2. 间接取消选定

如果在所选对象的选择范围之外点击鼠标选择按钮，则对象将自动被取消选定。

3. 隐藏取消选定

若一个绘图层被隐藏，则在这个绘图层上的所有对象将自动被取消选定，即在隐藏的绘图层上的对象是不能被选中的，这样就避免了对隐藏对象进行移动或编辑等误操作。当这些在隐藏绘图层上的对象又变为可见的，它们仍然保存取消选定的状态。

4. 全局取消选定

将当前单元中的所有对象都取消选定，可以选择命令 Edit→Deselect All 或使用快捷键 Alt + A。

4.6.3　查找对象

查找的对象可以是几何图形对象，也可以是具有某个名称的端口或例化单元。查找的命令是 Edit→Find，或使用快捷键 Ctrl + F，或点击查找图标 🔍。查找对象对话框如图 4.39 所示。

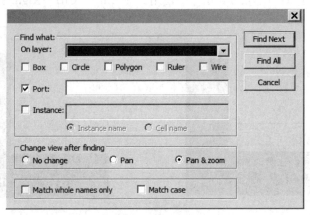

图 4.39　查找对象对话框

查找对象对话框中各选项说明如下。

(1) Find what：在这一栏中包含的选项有 On layer、Box、Circle、Polygon、Ruler、Wire、Port 和 Instance。其中 On layer 后的空白处填入要查找的对象所在的绘图层，该绘图层可以通过右端的下拉条进行选择；Box 指明要查找的对象是一个矩形；Circle 指明要查找的对象是一个圆形；Polygon 指明要查找的对象是一个多边形；Ruler 指明要查找的对象是一个标尺；Wire 指明要查找的对象是一段线条；如果要查找的对象是一个端口，则在 Port 后的空白处填入端口的名字。

如果同时指明了端口所在的绘图层，则版图编辑器会查找在这一绘图层上所有端口名相符的端口；如果没有指明端口所在的绘图层，则版图编辑器会查找所有绘图层上端口名与之相符的端口。如果要查找的对象是一个例化单元，而且选择 Instance name，则在 Instance 后的空白处填入例化单元的名字；如果选择 Cell name，则在后面的空白处填入例化单元所例化的源单元的名字。

(2) Change view after finding：版图编辑器查找到指定对象后，用此选项可以控制视图的显示方式。其中 Pan 是指将视图转移到以找到的对象为中心；Pan & Zoom 是指将视图转移到以找到的对象为中心，并且进行适当的缩放，以使所找的对象能填满当前的版图窗口；No change 是指保持视图不变。

(3) Match whole names only：令版图编辑器只查找名称与所填入的文本完全符合的对象。如果不选中此项，则填入的文本可能是所查找对象的名称的一部分。

(4) Match case：令版图编辑器在查找的时候区分大小写。

(5) Find Next：查找并选择下一个符合条件的对象。

在版图编辑器运行期间，在 Find Object 对话框中填入的查找参数会保存在内存当中而且会用于下面所有的查找操作。当在单元和文件之间切换时，查找参数也不会被清除。

查找到一个对象后，可以向后查找下一个对象或向前查找对象。利用命令 Edit→Find Next，或使用快捷键 F，或点击查找下一个对象图标 ，可以提示版图编辑器向后寻找下一个符合当前查找关键词的对象。选择命令 Edit→Find Previous，或使用快捷键 P，或点击向前查找的图标 ，就可以向前查找对象。

如果查找命令还没有被执行，则查找对象对话框 Find Object 是打开的。向前查找和向后查找操作所用的查找关键词为当前对话框中的关键词，不管这个关键词是在哪个单元或文件中的查找操作中定义的。

向前查找和向后查找都以循环的方式选择对象，当最后一个与查找关键词匹配的对象被找到后，版图编辑器会报告查找结果。

4.6.4　组合对象或取消组合

1. 将对象组合成新的单元

利用组合(Group)命令可以将选定的几个对象(包括例化单元)组合在一起创建新的单元。新形成的单元将作为例化单元被调用到当前的单元中。如果将几个相同的例化单元组合形成新单元，则新单元将是例化单元的阵列。

实现对象组合的方法是选择命令 Draw→Group 或使用快捷键 Ctrl + G，对应的对话框如图 4.40 所示。

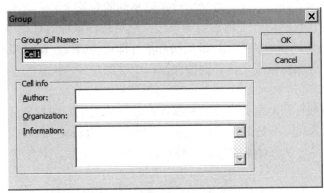

图 4.40　对象组合的对话框

对象组合对话框中的选项说明如下。

(1) Group Cell Name：组合后新单元的名字。

(2) Cell info：新单元的信息，包括作者(Author)、组织(Organization)和简单的说明信息(Information)。

2. 利用组合命令创建阵列

对于组合命令来说，可组合的对象类型是任意的，可以是几何图形，也可以是端口，还可以是例化单元。组合命令也可以用于创建阵列，创建阵列的前提是被选择执行组合命令的对象必须是相同单元的例化单元，也可以说，利用组合命令只是把那些已经以阵列的形式存在的例化单元自动生成一个阵列。如果所选的例化单元不能满足组成阵列的要求，则在执行组合命令之后，版图编辑器将会弹出一个对话框，要求填入组合后新单元的名称。

3. 取消对象组合

取消对象组合就是将组合后的新单元还原成构成它的各个独立的单元，但是由组合命令创建的新单元不会从文件中被删除。

取消组合的方法是选择命令 Draw→Ungroup 或使用快捷键 Ctrl + U。取消组合命令是独立于组合命令的，它可以用于打散任何一个例化单元的阵列，也可以说取消组合的命令类似于"平坦化(Flatten)"命令，只是"平坦化"命令 Cell→Flatten 将整个单元都平坦化，而取消组合命令只会将所选的例化单元向下一级平坦化。

不管是组合命令还是取消组合命令，都可以使用 Undo 命令取消操作，不同的是对取消组合命令执行撤销操作可以使被选择的对象恢复到组合状态，而对组合命令执行撤销操作可以使被选对象恢复到被组合前的状态，但是组合后新创建的单元却不会从单元中被删除。

4.6.5　移动对象

在对版图进行编辑的过程中，可以将对象进行移动。移动对象的方式有多种，既可以利用鼠标或键盘，也可以通过填入目标位置的坐标值来实现。需要注意的是，被锁定的绘图层上的对象不能被移动。

1. 基本的移动操作

移动操作的具体流程是：首先将光标放在要移动的对象上，注意不能放在对象的顶点或某条边上，以防止仅移动一个顶点或一条边；然后按住鼠标的移动/编辑按钮(通常是鼠标中键)，将对象拖动到新的位置上；最后松开鼠标即可。如果在第一步操作中将光标放在对象的顶点或边上等编辑范围之内，则按住鼠标中键的时候，执行的不是移动命令而是编辑命令。

我们可以利用强行移动命令来移动对象，在这种情况下，即使光标在编辑范围之内，也可以强行移动对象，而不是编辑对象。强行移动命令是 Draw→Force Move，默认的快捷键是 Alt + M。在移动单个对象的时候，移动命令执行结束后，对象将自动恢复到未经选择的状态。

当移动多个对象时，在多个对象被选定后光标可以放在任意位置，即使是某个对象的顶点或边。在移动的过程中，各个对象之间的相对位置是不变的。

在移动的过程中，如果要保证对象只是水平移动或只是垂直移动，则需要在移动过程中按住 Shift 键，同时按住鼠标的移动/编辑按钮。

要将对象移动某个指定的距离，例如沿 X 轴和 Y 轴分别移动 20 和 30 单位距离，则可以借助于 Draw→Move By 命令，与该命令对应的对话框如图 4.41 所示。

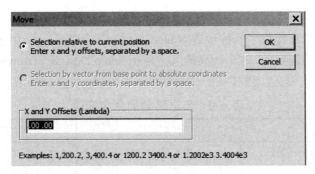

图 4.41　对象移动对话框

对象移动对话框中各选项说明如下。

(1) Selection relative to current position(后略)：将对象分别沿 X 轴和 Y 轴移动一定的距离，该距离的值在下面的 X 轴和 Y 轴坐标中填写。移动的距离是相对于当前位置的距离。如图 4.42 所示，在此例中 X 和 Y 的坐标中填入的数值为(-20，30)，则对象在 X 轴上向左移动 20 个单位，在 Y 轴上向上移动 30 个单位。

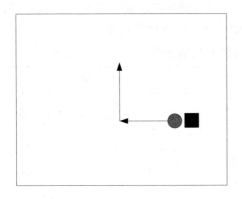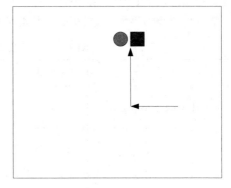

图 4.42　第一种移动方式

(2) Selection by vector from base point to absolute coordinates(后略)：对象移动距离的大小和方向由到坐标原点的一个基本点的矢量决定，基本点的坐标同样在下面的空白处填写。如图 4.43 所示，在 X 和 Y 的坐标中填入的数值同样为(-20，30)，则对象移动的距离和方向由原点到(-20，30)处的点的矢量决定。

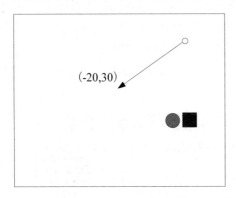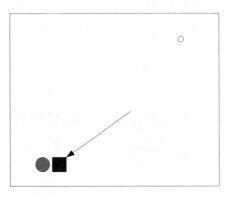

图 4.43　第二种移动方式

2. 步进移动方式

在版图编辑器中还提供了一种步进(Nudge)移动对象的方式。采用这种方式移动对象，每次能移动的距离是固定的，这个距离的大小是在 Setup Design→Drawing 对话框的 Nudge amount 域中定义的。有关步进移动的命令有四条，分别列于表 4.9 中。

表 4.9　步进移动的命令描述

命令	详细描述	快捷键
Draw→Nudge→Left	向左移动目标	Ctrl + ←
Draw→Nudge→Right	向右移动目标	Ctrl + →
Draw→Nudge→Up	向上移动目标	Ctrl + ↑
Draw→Nudge→Down	向下移动目标	Ctrl + ↓

4.6.6　改变对象的方向

改变对象方向的操作主要包括将对象沿某一轴线翻转或以某一点为中心旋转，所有这些命令都是将对象改变一定的角度。表 4.10 中总结了这些命令及其详细描述。

表 4.10　改变对象方向的命令

命令	快捷键	图标	具体描述
Draw→Rotate→90 degrees	R	![]	将所选对象沿逆时针方向旋转 90°
Draw→Rotate→Rotate	Ctrl + R	![]	打开一个对话框，将选定对象相对于指定点沿逆时针方向旋转一定角度
Draw→Flip→Horizontal	H	![]	以穿过对象的几何中心的垂直线为中心轴，将对象进行翻转
Draw→Flip→Vertical	V	![]	以穿过对象的几何中心的水平线为中心轴，将对象进行翻转

当有多个对象被选中的时候，旋转或翻转的参考对象为所选组的几何中心。如表 4.10 所示，在利用命令 Draw→Rotate→Rotate 或快捷键 Ctrl + R 打开旋转选定对象 Rotate Selected Objects 对话框后，对话框中的空白处用于指定旋转的角度，填入的数值范围为 −360°～+360°。利用向上或向下的箭头可以在 −270°～270° 之间以 90° 为单位递增或递减数值，如图 4.44 所示。

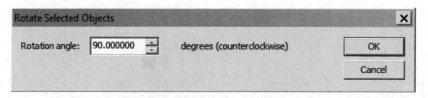

图 4.44　旋转选定对象的对话框

如果在空白处输入要旋转的角度值，其范围为 –360°～360°；如果用箭头指定旋转角度值，则其范围为 –270°～270°。在对话框中指定旋转所围绕的中心是以对象的几何中心为中心，degrees(counter clockwise)指的是逆时针旋转角度。

4.6.7　复制对象

复制对象的方式有两种：

(1) 选择命令 Edit→Copy，或使用快捷键 Ctrl + C，或点击图标 🖹。

(2) 选择命令 Edit→Duplicate，或使用快捷键 Ctrl + D，或点击图标 🖿。

拷贝操作将选定对象的复本放在剪贴板上，执行完拷贝命令之后，在版图中并不会看到任何变化，必须再使用粘贴命令才能在版图中看到所拷贝的对象。

复制操作创建了一个选定对象的复本，并且把它放在当前单元中，且距离被复制的对象一个格点的距离。如果将复制的对象进行移动，移动后与被复制的原始对象之间的距离为 L，则短时间内多次执行复制操作，每次复制的对象与上个被复制的对象之间的距离均为 L。利用多次执行复制操作可以创建一个单元的阵列，阵列中对象之间的距离是相等的。复制操作并不会影响版图编辑器剪贴板中的内容。

使用多次复制命令来创建阵列的方法简洁方便，但是每一次执行复制命令都会创建一个新的复本，当多次创建复本时，会占用大量内存从而降低更新的速度。

如果要将版图编辑器中的版图拷贝到外部的 Windows 剪贴板中，可以使用命令 Edit→Clipboard→Copy Window 将版图作为位图进行拷贝，拷贝的位图不能再粘贴回版图编辑器中。

4.6.8　粘贴对象

在进行剪切或拷贝对象时，版图编辑器会将对象保存在剪贴板中，剪贴板中的对象可以在单元之间进行传递。将剪贴板中的内容放到版图中的操作就是粘贴操作。

执行粘贴操作选择 Edit→Paste 命令，快捷键是 Ctrl + V，还可以使用粘贴图标 📋。粘贴命令执行完后，剪贴板中的对象将被粘贴到当前版图窗口的中心位置，但是如果开启了 Paste to cursor 选项，则剪贴板中的对象将会随着光标移动，直到点击鼠标的某个键，将对象放下。

选择 Edit→Paste to Layer 命令或使用快捷键 Alt + V，同样可以将剪贴板中的内容粘贴到当前版图窗口的中心位置，只不过将对象放在当前所选的绘图层上。如果剪贴板中的对象位于多个不同的绘图层上，则执行完此命令后，这几个对象将被放在所选的同一个绘图层上。剪贴板中的对象可以被粘贴多次，而且可以被一直保存在剪贴板中，直到有新的剪切或拷贝命令执行或文件被关闭。

4.6.9　删除对象

在版图编辑器中，要将版图中的对象删除，可以选择以下两种方式：

(1) 选择剪切命令 Edit→Cut，或使用快捷键 Ctrl + X，或点击剪切图标 ✂。

(2) 选择清除命令 Edit→Clear，或者使用删除键 Delete，或者点击退格键 Backspace。

剪切命令将要删除的对象放在剪贴板中，这些对象可以在当前单元被恢复到剪切前的位置，也可以粘贴到同一文件下的其他单元中。

清除操作不会将要删除的对象放在剪贴板中，所以这些对象在清除后只能通过 Undo 命令来进行恢复。

4.6.10　撤销和恢复操作

1. 撤销操作

版图编辑器在对版图进行编辑的过程中将被编辑的对象的列表进行保存，并在撤销操作缓冲器(Undo Buffer)中将每个对象上所实施的操作都进行保存。利用撤销操作可以对最后一步编辑操作进行撤销。每进行一次撤销操作就以逆序撤销前面所执行的操作，直到上一次保存单元时所处的状态。

执行撤销操作的命令是 Edit→Undo，快捷键是 Ctrl + Z，也可以点击撤销图标 ↺ 。

2. 恢复操作

撤销操作本身是可以通过恢复操作的命令取消的，即将对象恢复到执行撤销命令之前的状态。例如在版图窗口中画了一个矩形，然后执行撤销命令，矩形就会从版图窗口中消失，如果此时再执行恢复操作命令，则此矩形又会重新出现在版图窗口中。执行恢复操作的命令是 Edit→Redo，或使用快捷键 Ctrl + Y，还可以点击恢复操作的图标 ↻ 。

在执行完撤销命令后，所撤销的操作及对象将会保存在恢复缓冲器(Redo Buffer)中。在恢复缓冲器中保存对象及对其实施的操作与撤销缓冲器相同。清除恢复缓冲器的方法与清除撤销缓冲器的方法也是相同的。

无论是撤销缓冲器还是恢复缓冲器，其存储数据的能力都与计算机的资源密切相关。

4.7　L-Edit 中的横截面观察器

版图编辑器的横截面观察器可以帮助电路设计者看到一个集成电路的垂直结构，这个视图并不会提供一个完整、准确的物理实际的描述。实际的芯片有多种特性和工艺，例如鸟嘴结构、抛光等，都没有在版图编辑器的横截面观察器中建立模型。横截面视图是通过对一系列工艺步骤的仿真并从底层向上对每个绘图层逐个建立视图来从版图中得到视图的。这些工艺步骤只是粗略地与实际生产芯片代工厂的加工工艺步骤相一致。

工艺定义放在一个独立的文本文件中。横截面观察器只对三种类型的工艺步骤进行仿真：生长或淀积生成新的材料，刻蚀移除材料和通过掺杂或注入对材料表面附近进行改变。

利用横截面观察器观察视图的操作方法如下：

(1) 工艺定义文件必须事先准备好。在文件中的绘图层名称必须与要观察的版图的绘图层名称完全匹配。工艺定义文件在 Index.txt 文件中进行描述，文件的位置在版图编辑器安装的默认路径下。

(2) 要观察的单元必须是打开的，并且将感兴趣的面积较小的区域放在版图视窗较靠上的位置。

(3) 选择命令 Tools→Generate Cross-Section 或点击横截面按钮 ，将会出现横截面对话框，如图 4.45 所示。

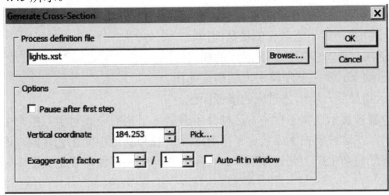

图 4.45　横截面对话框

横截面对话框中各选项介绍如下。

(1) Process definition file：输入工艺定义文件名或使用浏览(Browse)按钮来选择文件。

(2) Pause after first step：在第一步工艺之后，暂停横截面的生成。要继续产生横截面，在横截面窗口中点击下一步按钮 "▶"。

(3) Vertical coordinate(Y)：设置横截面产生所在的水平线的垂直坐标数值。

(4) Pick：利用图形设置垂直坐标，此时光标变成一条水平线，可以在版图中上下移动，在适当的位置点击鼠标将会再次打开 Generate Cross-Section 对话框，此时在 Vertical coordinate(Y)中填入了利用图标法产生的 Y 轴坐标值。

(5) Exaggeration factor：设置沿 Z 轴方向的横截面的放大倍数。当放大倍数非常大或非常小的时候，横截面的纵横比可能不能有效显示为 1：1。

(6) Auto-fit in window：设置在 Z 轴方向上最大可见度的放大倍数。

版图编辑器在界面的下半部分显示版图的横截面视图，如图 4.46 所示。

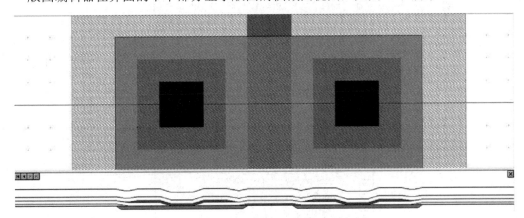

图 4.46　版图的横截面视图的位置

在当前单元的横截面视图中不能执行面板操作及缩放或编辑操作；不能在与此文件有关系的其他窗口中进行编辑操作，不能改变版图窗口的尺寸；版图区域中的横切线不能被拖到别的位置，双击这条线可以移动横截面视图。将横截面窗口关闭就可以恢复正常的版图编辑窗口。

在横截面窗口中点击适当的按钮可以在图中反映前面的或后面的工艺步骤，图 4.46 中按钮的作用解释如下。

　　◀▌：表示到第一步工艺对应的横截面图。

　　◀：表示回到前一步工艺步骤对应的横截面图。

　　▶：表示到下一步工艺步骤对应的横截面图。

　　▌▶：表示到最后一步工艺对应的横截面图。

当前的步骤被显示在状态栏中。这种分步骤显示工艺的模式对学习生产中的工艺步骤是非常有用的。在这种模式下还包含了所有的光刻胶和其他中间工艺步骤，这些工艺步骤能更好地将整个复杂生产工艺连接起来。在实际生产中，可能需要定义更多、更详细的工艺步骤。

4.8　L-Edit 实例

新建一个 CMOS 反相器版图的步骤如下：

(1) 打开 L-Edit 程序，选择图标 。

(2) 另存为新文件：选择 File→Save As 命令，如图 4.47 所示。打开"另存为(Save As)"对话框，在"保存在"下拉列表框中选择存储目录，在"文件名"文本框中输入新文件的名称，例如 inverter.tdb。

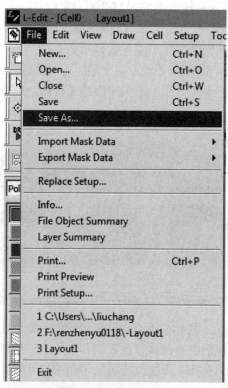

图 4.47　另存新文件

(3) 代替设定：选择 File→Replace Setup 命令，如图 4.48 所示。单击弹出对话框 From file 下拉列表右侧的 Browser 按钮，选择 D：\Tanner EDA\L-Edit 11.1\samples\spr\example1\ lights.tdb 文件，如图 4.49 所示，然后单击"OK"按钮完成设定。

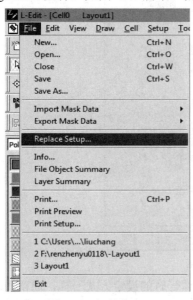
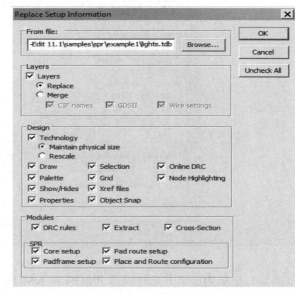

图 4.48　代替设定　　　　　　　　　　图 4.49　文件目录

接下来会出现一个警告对话框，如图 4.50 所示。单击"确定"按钮，就可以将 lights.tdb 文件的设定选择性应用在目前编辑的文件，包括格点设定、绘图层设定等。

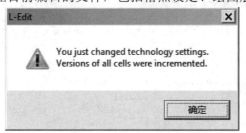

图 4.50　警告对话框

(4) 设计环境设定：绘制布局图，必须要有确实的大小，因此在绘图前先要确定或设定坐标与实际长度的关系。选择 Setup→Design 命令，如图 4.51 所示，打开 Setup Design 对话框，在 Technology 选项卡中出现使用技术的名称、单位与设定，设定值如图 4.52 所示。

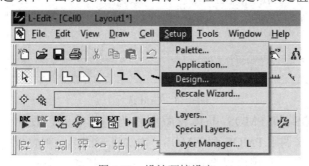

图 4.51　设计环境设定

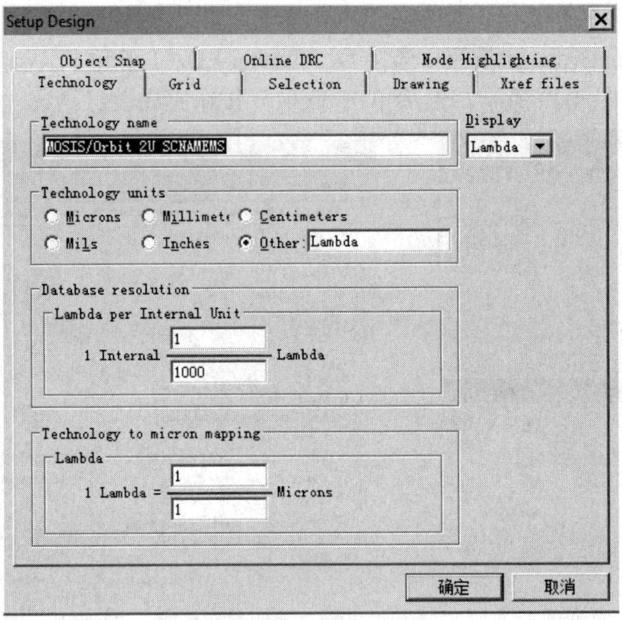

图 4.52　Technology 选项卡

　　格点与坐标的设定方式与创建 PMOS 和 NMOS 晶体管时的设定方式一样，通常情况下，在进行版图设计的时候，如果使用同样的工艺文件，则在这一设计下的各版图文件所用的格点和坐标设定方式不变，设定值如图 4.53 所示。

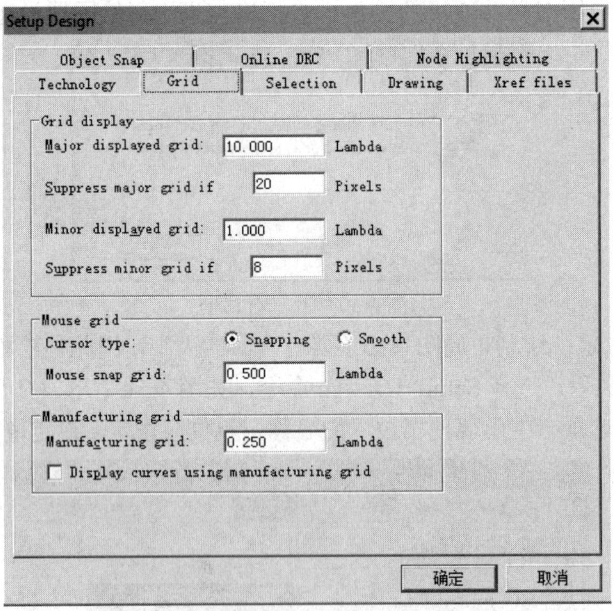

图 4.53　Grid 选项卡

　　(5) 调用 NMOS 和 PMOS 晶体管版图作为例化单元，使用快捷键 I 或者使用 Cell→Instance 命令来调用 PMOS 和 NMOS，添加进来的单元被叠放在相同的位置。利用鼠标中键或者 Alt＋鼠标左键可以将其中一个单元进行移动，将两者分开，并将 PMOS 放在上面，NMOS 放在下面，在摆放两个晶体管的时候需要注意 DRC 设计规则。还需要注意的是，两个晶体管的 Poly 绘图层，也就是栅极，要对齐摆放，这样有利于接下来的布线。晶体管的布局图如图 4.54 所示。

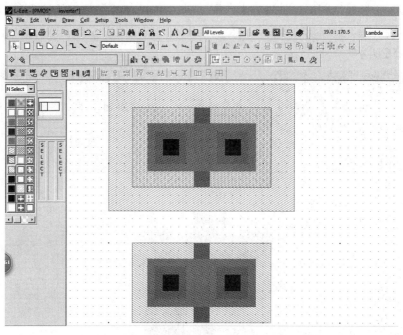

图 4.54　晶体管的布局图

(6) 连接 NMOS 和 PMOS 晶体管的栅极：根据 CMOS 反相器的电路图可以得到，PMOS 晶体管和 NMOS 晶体管的栅极是连接在一起的，作为 CMOS 反相器的输入端，通过选择 Poly 多晶硅绘图层，使用方形绘图工具，将两个晶体管的栅极连接一起，如图 4.55 所示。

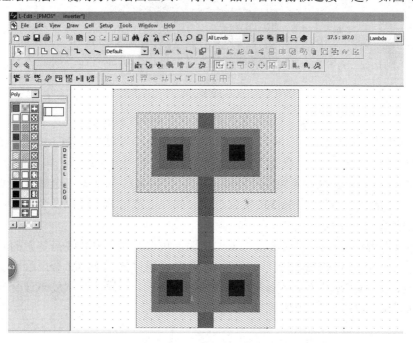

图 4.55　晶体管的栅极连接

(7) 连接 PMOS 源极和 NMOS 漏极：根据 CMOS 反相器的电路图可以得到，PMOS 晶体管的源极和 NMOS 晶体管的漏极是连接在一起的，作为 CMOS 反相器的输出端 OUT，通过选择 Metal 金属绘图层，使用方形绘图工具，将 PMOS 晶体管的源极和 NMOS 晶体管的漏极连接一起，金属线的宽度与该金属线上流过的电流以及金属本身的电流密度等有关，如图 4.56 所示。

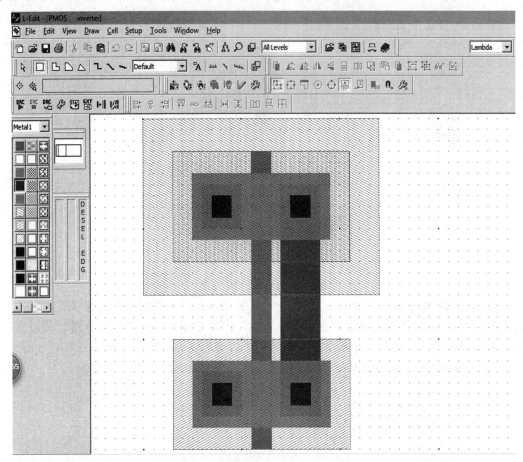

图 4.56　连接 PMOS 源极和 NMOS 漏极

(8) 绘制电源线和地线：根据 CMOS 反相器的电路图可以得到，CMOS 反相器需要连接电源 VDD 和地 GND，通过选择 Metal 金属绘图层，使用方形绘图工具，先绘制电源线，放置在 PMOS 的上方，然后再绘制接地线，放置在 NMOS 的下方，金属线的宽度应满足 DRC 设计规则的要求，而且金属线的宽度与该金属线上流过的电流以及金属本身的电流密度等有关，如图 4.57 所示。

(9) 连接电源线：根据 CMOS 反相器的电路图可以得到，PMOS 晶体管的漏极需要连接到电源线上，作为 CMOS 反相器的电源端 VDD，通过选择 Metal 金属绘图层，使用方形绘图工具，将 PMOS 晶体管的漏极与电源线连接一起，金属线的宽度与该金属线上流过的电流以及金属本身的电流密度等有关，如图 4.58 所示。

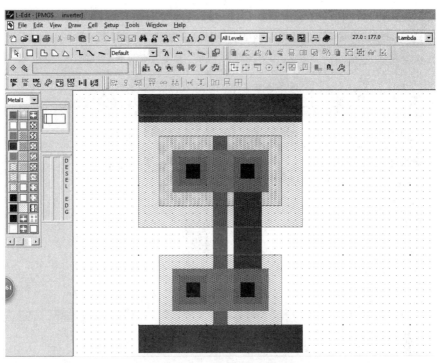

图 4.57 电源线和地线

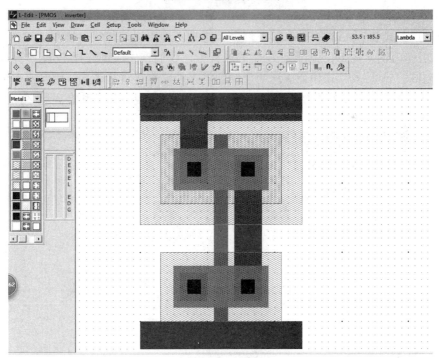

图 4.58 连接电源线

(10) 连接地线：根据 CMOS 反相器的电路图可以得到，NMOS 晶体管的源极需要连接到地线上，作为 CMOS 反相器的接地端 GND，通过选择 Metal 金属绘图层，使用方形绘图工具，先绘制接地线，然后将 NMOS 晶体管的源极与接地线连接一起，金属线的宽度与该金属线上流过的电流以及金属本身的电流密度等有关，如图 4.59 所示。

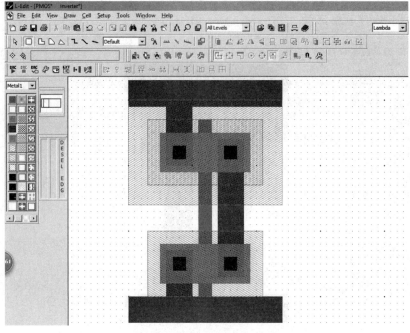

图 4.59　连接地线

(11) 引出输入端：将 PMOS 晶体管和 NMOS 晶体管的栅极通过多晶硅绘图层连接在一起，作为 CMOS 反相器的输入端，但是若想真正地引出信号线，需要通过选择 Metal 金属绘图层作为输入端 IN，因此在绘制的过程中，我们首先通过选择 Poly 多晶硅绘图层将栅极引出来，但是多晶硅和金属这两个绘图层不能够直接进行连接，因此需要通过选择 Poly Contact 多晶硅接触绘图层，使用方形绘图工具来实现多晶硅和金属层之间的连接，从而将输入端 IN 信号引出来，如图 4.60 所示。

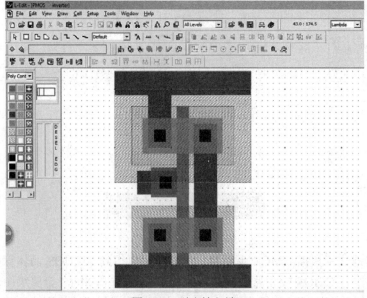

图 4.60　引出输入端

(12) 添加节点：根据 CMOS 反相器电路图，分别添加 VDD、GND、IN、OUT 四个节点。可以通过选择图标 ºA 来添加节点，点击该按钮会出现如图 4.61 所示的对话框。在"On"的文本框里，选择添加的绘图层，例如电源 VDD 需要连接在金属层上，因此选择 Metal1，这一点需要十分注意，因为虽然不会影响到 DRC 的验证，但是会直接影响到芯片的功能，以及仿真的结果。在"Port name"的文本框里输入节点的名字 VDD。

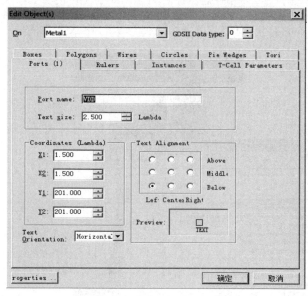

图 4.61　添加节点的对话框

同样的道理分别添加其余节点 GND、IN、OUT。这样 CMOS 反相器的版图就绘制完成了，并且已添加了节点，如图 4.62 所示。

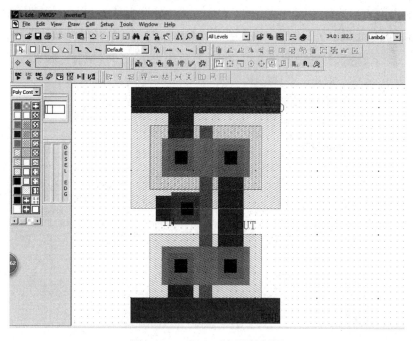

图 4.62　CMOS 反相器的版图

　　CMOS 反相器的版图设计完成之后，单击"保存"按钮，并选择 Tools→DRC 菜单命令，运行 DRC 规则验证，如果出现错误，则修改版图编辑，直至 DRC 验证 0 errors(没有错误)为止，如图 4.63 所示。

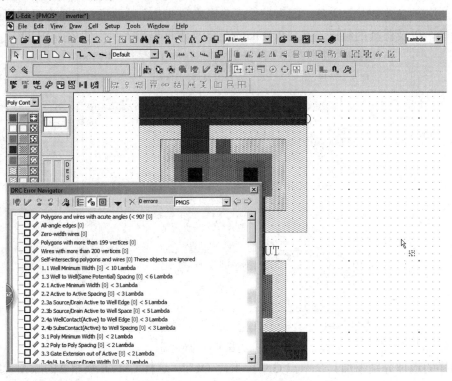

图 4.63　DRC 验证无误

　　(13) 输出网表：选择 Tools→Extract 命令，弹出输出网表对话框，如图 4.64 所示，在 SPICE extract output file 的文本框中输入"inverter.spc"，点击"OK"按钮即可。

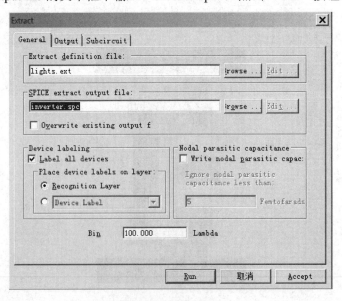

图 4.64　输出网表

知识小课堂

　　威廉·肖克莱(William Shockley)，美国物理学家，美国艺术与科学学院、电气与电子工程师协会高级会员，曾获利布曼奖、巴克利奖、康斯托克奖、霍利奖章。

　　1910 年 2 月 13 日，肖克莱出生于英国伦敦。1932 年获加利福尼亚理工学院学士学位，1936 年获马萨诸塞州理工学院博士学位。1936—1942 年在贝尔实验室工作，1942—1945 年在美国海军反潜作战研究小组任职，1945—1954 年任贝尔实验室固体物理研究所主任，1954—1955 年任晶体管物理学研究主任。1958—1960 年任肖克莱晶体管公司经理。 1960—1965 年在克莱韦特晶体管公司肖克莱晶体管部任顾问。1965—1975 年任加利福尼亚理工学院客座教授、斯坦福大学工程科学与应用科学教授。

威廉·肖克莱

　　肖克莱研究的领域包括固体能带、铁磁畴、金属塑性、晶粒边界理论、半导体理论应用和电磁理论等，获专利 90 多项。1947 年 12 月，在肖克莱理论的指导下，巴丁、布拉顿发明了世界上第一只点接触型晶体管。1948 年 6 月，贝尔实验室报道了这一发明，并申请了专利。但是美国专利局认为在此研究中，肖克莱并没有重大作用，就从这项专利的发明人名单中把他去掉了。面对这一有关名利的事情，肖克莱既没有抱怨，也没有泄气，而是以对科学执着的精神，满腔热情地继续他的半导体研究工作。1949 年肖克莱提出了结型晶体管理论，1950 年贝尔实验室研制出了第一只结型晶体管。与点接触晶体管相比，结型晶体管具有更显著的优越性，是晶体管真正的鼻祖。

　　对于肖克莱的成功，除了他的天才和广博的学识之外，人们更钦佩他那种对科学的执着和勇于进取的精神。为此，有人曾风趣地称他为"坚持者"，说是坚持者发明了晶体管。

　　因为发明晶体管的巨大贡献，肖克莱、巴丁、布拉顿共同获得了 1956 年度的诺贝尔物理学奖。

课 后 习 题

一、填空题

1. 版图编辑器的用户界面由_____、_____、_____、_____和

_____组成。

2. L-Edit 文件的剪切命令为_____，文件的复制命令为_____，文件的粘贴命令为_____。

3. L-Edit 保存和打开的文件类型为_____格式。

4. L-Edit 中 DRC 验证的命令为_____。

5. L-Edit 中清除 DRC 错误绘图层的命令为_____。

6. 在绘图层中，通过_____来实现所有绘图层的显示；通过_____来实现除了显示当前绘图层，其余绘图层全部被隐藏。

7. L-Edit 中用于集成电路设计数据交换的最常见的文件格式为_____。

8. L-Edit 中替换设置的命令为_____。

9. L-Edit 中绘制方框的快捷键为_____，退出绘制方框的快捷键为_____。

10. L-Edit 中横截面观察器的快捷键为_____。

11. L-Edit 中网表输出的命令为_____，文件格式为_____。

二、简答题

1. 利用绘图工具对绘图对象进行图形编辑的操作主要包括哪些？

2. 绘制 CMOS 反相器版图，并简述其流程。

第五章　Tanner 的 T-Spice(仿真编辑器)

5.1　T-Spice 的菜单栏

双击 T-Spice 图标即可启动 T-Spice，如图 5.1 所示。

图 5.1　T-Spice 图标

仿真编辑器的用户界面由标题栏、菜单栏、工具栏、工作区和状态栏组成，如图 5.2 所示。

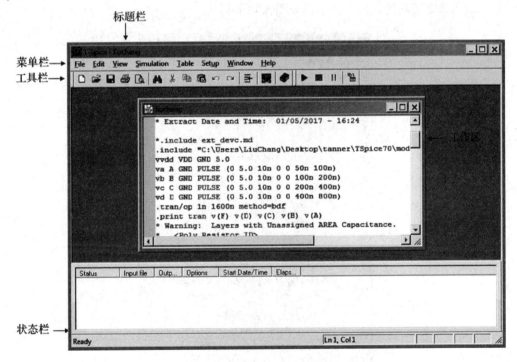

图 5.2　T-Spice 用户界面

1. 文件(File)

T-Spice 保存和打开文件的类型是.sp(电路图的输出网表文件)或者.spc(版图的输出网表文件)格式的。通过 File 菜单栏命令可实现文件的新建、打开、关闭、保存、另存为、打印等功能。File 菜单栏如图 5.3 所示。

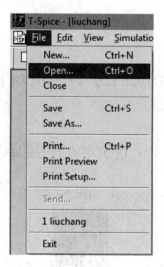

图 5.3　File 菜单栏(T-Spice)

2. 编辑(Edit)

T-Spice 的 Edit 菜单栏命令可实现撤销、剪切、复制、粘贴、清除、选择所有、清除所有、插入命令等功能，Edit 菜单栏如图 5.4 所示。

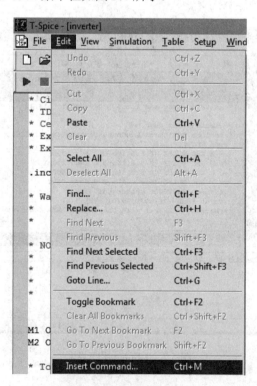

图 5.4　Edit 菜单栏(T-Spice)

3. 仿真(Simulation)

T-Spice 的 Simulation 菜单栏命令可实现运行仿真、停止仿真、暂停和批量仿真等功能。

仿真菜单栏如图 5.5 所示。

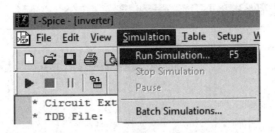

图 5.5 仿真菜单栏

5.2 T-Spice 应用实例

新建一个 CMOS 反相器版图(电路图)仿真的步骤如下：

(1) 启动 T-Spice(双击 T-Spice 图标即可)。

(2) 打开文件。选择 File→Open 命令，打开版图输出文件(.spc)或者打开电路图输出文件(.sp)。例如打开 inverter.spc，如图 5.6 所示。

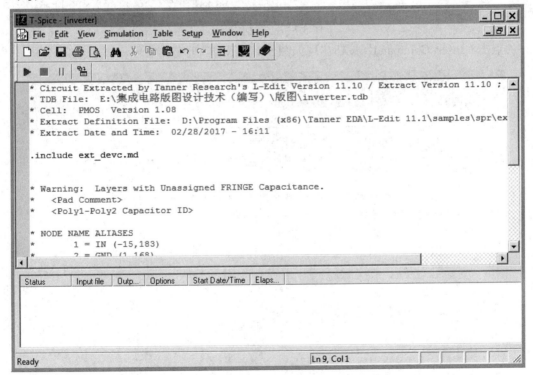

图 5.6 打开 inrerter.spc 文件

(3) 加载包含文件。由于不同的流程有不同的特性，因此在仿真之前必须引入 MOS 器件的模型文件，此模型文件内包含电容电阻系数等数据，以供 T-Spice 模拟使用。我们引用的文件是 ml2_125.md。选择命令 Edit→Insert Command，在弹出对话框的列表框中选择 Files 选项。单击 Include file 选项，然后单击"Browse"按钮，通过路径 D:\Program Files

(x86)\Tanner EDA\T-Spice 10.1\models\ml2_125.md 找到文件，如图 5.7 所示。

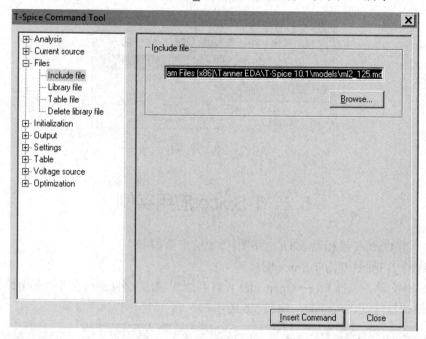

图 5.7　包含文件设定

点击"Insert Command"按钮出现如图 5.8 所示的当前工作窗口。

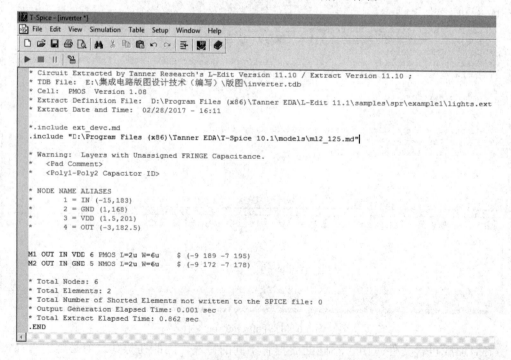

图 5.8　当前工作窗口

（4）设定参数值。选择命令 Edit→Insert Command，在弹出对话框的列表框中选择 Settings 选项。单击 Parameters 选项，在 Parameter name 的文本框中输入 1，在 Parameter value 的文本框中输入 0.5u，点击 "Add" 按钮，如图 5.9 所示。

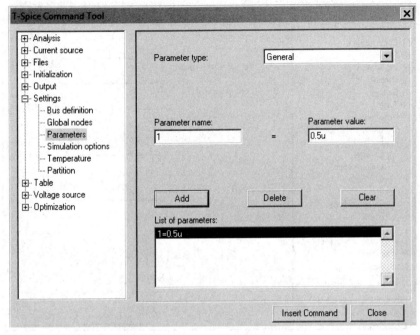

图 5.9 设定参数值

点击 "Insert Command" 按钮，此时出现如图 5.10 所示的当前工作窗口。

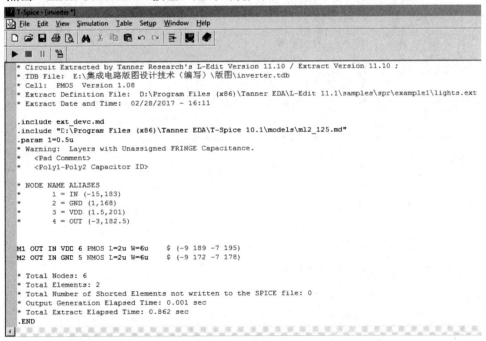

图 5.10 当前工作窗口

(5) 电源设定。选择命令 Edit→Insert Command，在弹出对话框的列表框中选择 Voltage source 选项。单击 Constant 选项，在 Voltage source name 文本框中输入 vvdd，在 Positive terminal 文本框中输入 VDD，在 Negative terminal 文本框中输入 GND，在 DC value 文本

框中输入 5.0，如图 5.11 所示。

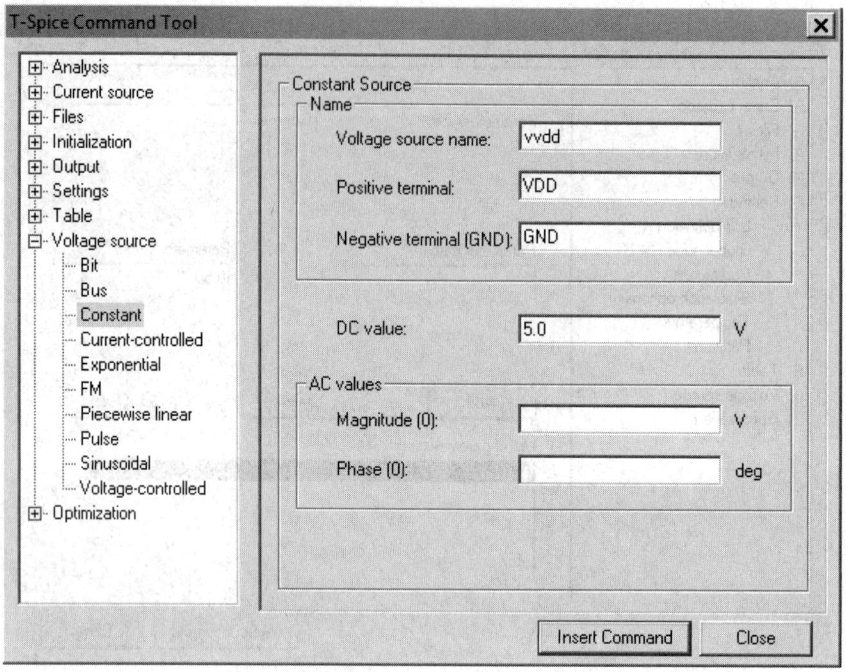

图 5.11　电源设定

点击"Insert Command"按钮，此时出现如图 5.12 所示的当前工作窗口。

图 5.12　当前工作窗口

（6）输入信号 IN 设定。选择命令 Edit→Insert Command，在弹出对话框的列表框中选择 Voltage source 选项。单击 Pulse 选项，在 Voltage source name 文本框中输入 vin，在 Positive terminal 文本框中输入 IN，在 Negative terminal 文本框中输入 GND，在 Initial 文本框中输入 0，在 Peak 文本框中输入 5.0，在 Rise time 文本框中输入 10 n，在 Fall time 文本框中输入 10 n，在 Pulse width 文本框中输入 50 n，在 Pulse period 文本框中输入 100 n，在 Initial delay 文本框中输入 20 n，如图 5.13 所示。

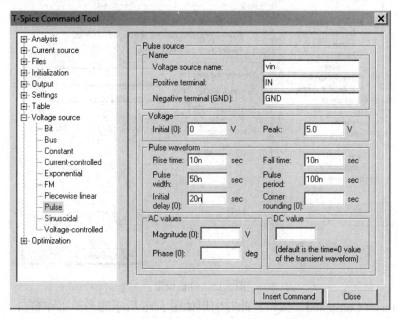

图 5.13　输入信号 IN 设定

点击"Insert Command"按钮，此时出现如图 5.14 所示的当前工作窗口。

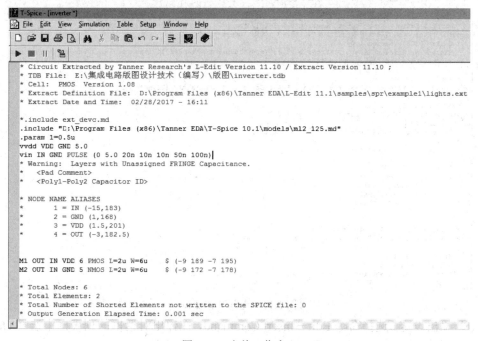

图 5.14　当前工作窗口

(7) 分析设定。选择命令 Edit→Insert Command，在弹出对话框的列表框中选择 Analysis

选项。单击 Transient 选项，在 Maximum time step 文本框中输入 1n，在 Simulation length 文本框中输入 400n，如图 5.15 所示。

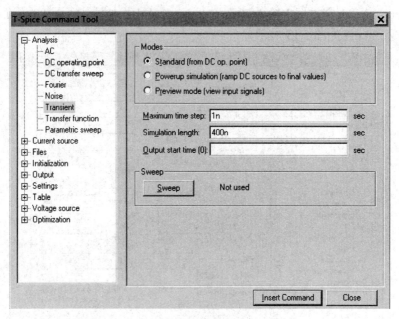

图 5.15 分析设定

点击"Insert Command"按钮，此时出现如图 5.16 所示的当前工作窗口。

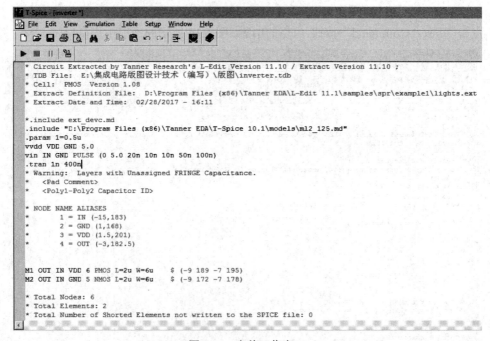

图 5.16 当前工作窗口

(8) 输出设定。选择命令 Edit→Insert Command，在弹出对话框的列表框中选择 Output 选项。单击 Transient results 选项，在 Node name 文本框中输入 OUT，点击"Add"按钮，接下来在 Node name 文本框中输入 IN，点击"Add"按钮，如图 5.17 所示。

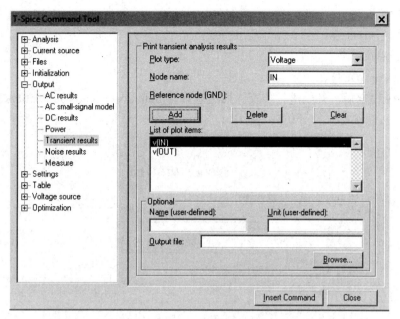

图 5.17　输出设定

点击"Insert Command"按钮，此时出现如图 5.18 所示的当前工作窗口。

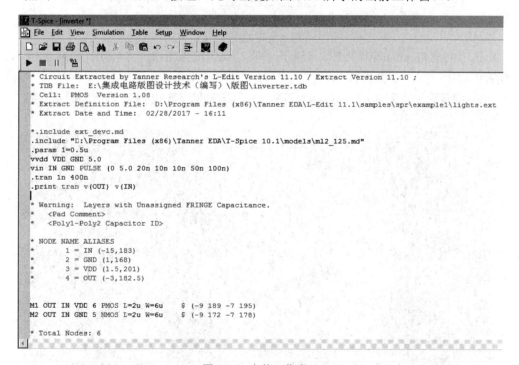

图 5.18　当前工作窗口

(9) 进行仿真。

CMOS 反相器版图的指令设定如下：

.include "D:\Program Files (x86)\Tanner EDA\T-Spice 10.1\models\ml2_125.md"

.param 1=0.5u

vvdd VDD GND 5.0

vin IN GND PULSE (0 5.0 20n 10n 10n 50n 100n)

.tran 1n 400n

.print tran v(OUT) v(IN)

完成指令设定后，开始进行仿真。通过选择 Simulation→Start Simulation 命令，或者单击 "▶" 按钮图标来打开仿真运行(Run Simulation)对话框，如图 5.19 所示。

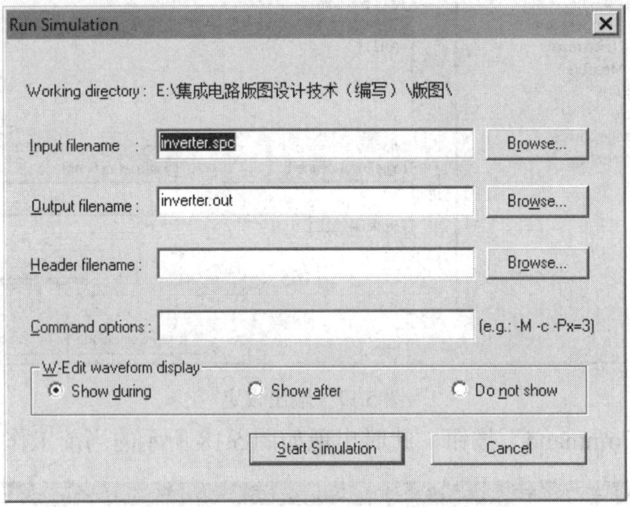

图 5.19　仿真运行对话框

单击 "Start Simulation" 按钮，会弹出仿真结果的报告窗口，并自动打开 W-Edit 窗口来观看仿真波形图，如图 5.20 所示。

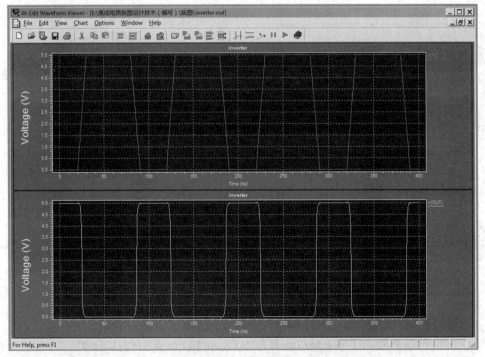

图 5.20　仿真波形图

知 识 小 课 堂

　　1873 年，德·福雷斯特(Lee De Forest)出生于爱荷华州，1896 年毕业于耶鲁大学，1899 年获得物理学哲学博士学位。

　　德·福雷斯特孩提时期并不出众，被老师认为是个平庸的孩子，唯一的爱好是拆装各种机械小玩意儿。一次偶然的机会，德·福雷斯特邂逅了无线电发明家马可尼，激发了他创新无线电检波装置的热情。1906 年，德·福雷斯特在弗莱明发明的真空二极电子管里加进一个极——"栅极"，经过反复试验，终于发明了真空三极电子管，并于 1907 年向美国专利局申报了发明专利。

德·福雷斯特

　　因发明新型电子管，德·福雷斯特竟无辜受到美国纽约联邦法院的传讯。有人控告他推销积压产品，进行商业诈骗。法官判决说，德·福雷斯特发明的电子管是一个"毫无价值的玻璃管"。1912 年，顶着随时可能入狱的压力，德·福雷斯特来到加利福尼亚帕洛·阿尔托小镇，坚持不懈地改进三极管。 在爱默生大街 913 号小木屋，德·福雷斯特把若干个三极管连接起来，与电话机话筒、耳机相互连接，再把他那只"走时相当准确的英格索尔手表"放在话筒前方，手表的"滴答"声几乎把耳朵震聋，这就是最早的电子扩音机。由于三极管可以放大微弱信号，所以很快被应用于信号发生器、电台、雷达、收音机等电子设备，成为电子领域中最重要的器件。真空三极电子管的诞生成为电子工业革命的开端。

　　帕洛·阿尔托镇的德·福雷斯特故居，至今依然矗立着一块小小的纪念牌，以市政府名义书写着一行文字："德·福雷斯特在此发现了电子管的放大作用"，用来纪念这项伟大发明为新兴电子工业所奠定的基础。

　　德·福雷斯特获得了多达 300 余项专利，但技术发明并没有给他带来什么经济效益，因为都是低价卖给了美国电话电报公司，就连电子管放大器的专利，也只是卖了 39 万美元。但是，他的发明为他赢得了"无线电之父"、"电视始祖"和"电子管之父"的称号。

课 后 习 题

一、填空题

1. 仿真编辑器的用户界面由_____、_____、_____、_____和_____组成。

2. T-Spice 文件的打印命令为_____，文件的关闭命令为_____。

3. T-Spice 保存和打开的文件类型为_____格式。

4. T-Spice 运行仿真的命令为_____。

5. T-Spice 加载文件的命令为_____。

二、简答题

1. 上机练习 CMOS 反相器版图的仿真，并简述其流程。

2. 上机练习 CMOS 反相器电路图的仿真，并简述其流程。

第三部分

CMOS 集成电路版图设计实例

第六章　CMOS 与非门的版图设计实例

6.1　功 能 定 义

当所有给定条件中至少有一个条件不满足时，结果才能出现，这种逻辑关系就是"与非"的逻辑关系，实现"与非"的逻辑关系的门电路就叫做与非门(NAND Gate)。

设计目标：

(1) 使用 Tanner 软件中的 S-Edit 进行电路原理图绘制；

(2) 使用 Tanner 软件中的 L-Edit 进行版图绘制，并进行 DRC 验证；

(3) 使用 Tanner 软件中的 T-Spice 对电路进行仿真并分析波形；

(4) 完成课程设计报告。

6.2　利用 S-Edit 进行电路图设计

CMOS 两输入与非门的逻辑表达式为 $F = \overline{A \cdot B}$，其真值表如表 6.1 所示。

表 6.1　两输入与非门的真值表

输　入		输　出
A	B	F
0	0	1
0	1	1
1	0	1
1	1	0

通过真值表可以发现，当两个输入同时为"1"的时候，输出为"0"，这可以通过将两个 NMOS 晶体管串联来实现；当有一个输入为"0"的时候，输出为"1"，这可以通过将两个 PMOS 晶体管并联来实现。

利用 S-Edit 进行电路设计的具体步骤如下：

(1) 启动 S-Edit，双击图标即可。

(2) 在 Filename 文本框中输入名字"NAND"，如图 6.1 所示，点击"OK"按钮。

(3) 设置颜色。根据个人的喜好进行颜色设置，只要能区分开就可以。

(4) 设置网格。

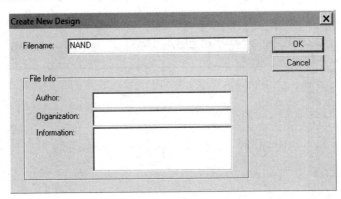

图 6.1　新建设计对话框

(5) 从器件库中调用器件。设置 CMOS 与非门的电路图，需要的器件有 MOSFET_N(NMOS 晶体管)、MOSFET_P(PMOS 晶体管)、VDD(电源)和 GND(接地)，分别进行 Place(放置)即可。

(6) 进行器件布局。CMOS 与非门电路图器件的布局如图 6.2 所示。

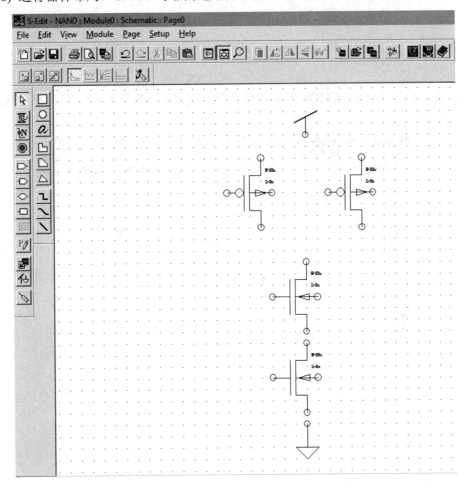

图 6.2　器件布局图

(7) 添加端口。CMOS 与非门添加了端口的电路图如图 6.3 所示。

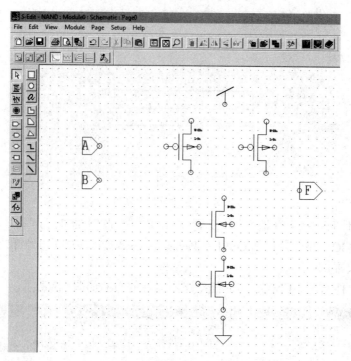

图 6.3 添加了端口的电路图

(8) 进行连线。至此，CMOS 与非门电路图绘制完成，如图 6.4 所示，最后点击"保存"按钮即可。

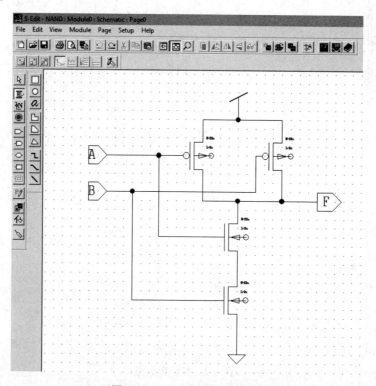

图 6.4 CMOS 与非门电路图

(9) 绘制出如图 6.5 所示的 CMOS 与非门符号视图。值得注意的是，画弧形的时候需要改变栅格的设置，可以利用多段直线画出弧形，栅格设置可选择 Setup→Grid 命令，打开 Setup Grid Parameter 对话框，设置 Mouse Snap Grid 文本框的值为"1"。

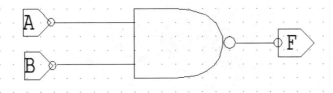

图 6.5　CMOS 与非门的符号视图

(10) 输出网表。输出网表对话框的设置如图 6.6 所示。

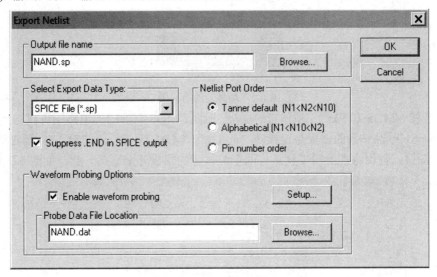

图 6.6　输出网表

6.3　利用 L-Edit 进行版图设计

利用 L-Edit 进行版图设计的具体步骤如下：

(1) 打开 L-Edit 程序。

(2) 另存为新文件，例如 NAND.tdb。

(3) 代替设定。

(4) 设计环境设定。

(5) 根据 CMOS 与非门的电路图可以知道，需要两个 PMOS 进行并联，两个 NMOS 进行串联，并将并联的 PMOS 放在上面，串联的 NMOS 放在下面，在摆放晶体管的时候需要注意 DRC 设计规则。还需要注意的是，两个晶体管的 Poly 绘图层，也就是栅极，要对齐摆放，这样有利于接下来的布线。晶体管的布局图如图 6.7 所示。

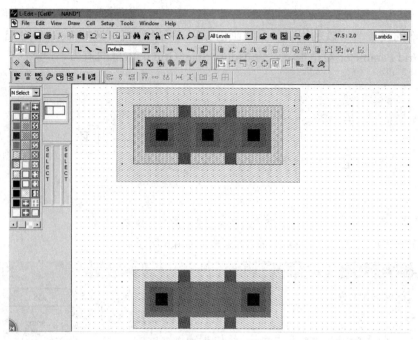

图 6.7　晶体管的布局图

(6) 连接 NMOS 和 PMOS 晶体管的栅极：根据 CMOS 与非门的电路图可以得到，PMOS 晶体管和 NMOS 晶体管的栅极是连接在一起的，作为 CMOS 与非门的输入端，通过选择 Poly 多晶硅绘图层，使用方形绘图工具，将四个晶体管的栅极分别连接一起，如图 6.8 所示。

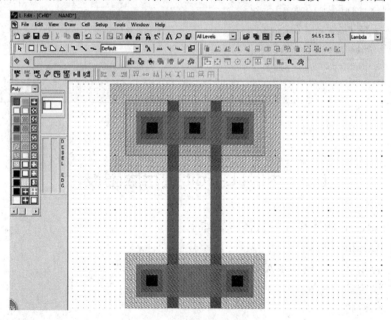

图 6.8　晶体管的栅极连接

(7) 连接 PMOS 源极和 NMOS 漏极：根据 CMOS 与非门的电路图可以得到，PMOS 晶体管的源极和 NMOS 晶体管的漏极是连接在一起的，作为 CMOS 与非门的输出端 F，通过选择 Metal 金属绘图层，使用方形绘图工具，将 PMOS 晶体管的源极和 NMOS 晶体管的漏极连接一起，金属线的宽度与该金属线上流过的电流以及金属本身的电流密度等有关，如图 6.9 所示。

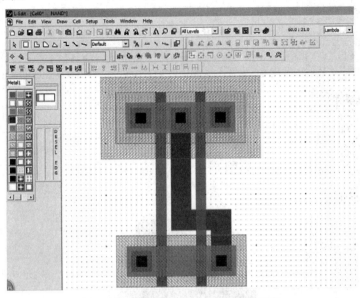

图 6.9 连接 PMOS 源极和 NMOS 漏极

(8) 绘制电源线和地线：根据 CMOS 与非门的电路图可以得到，CMOS 与非门需要连接电源 VDD 和地 GND，通过选择 Metal 金属绘图层，使用方形绘图工具，先绘制电源线，放置在并联 PMOS 的上方，然后再绘制接地线，放置在串联 NMOS 的下方，金属线的宽度应满足 DRC 设计规则的要求，而且金属线的宽度与该金属线上流过的电流以及金属本身的电流密度等有关，如图 6.10 所示。

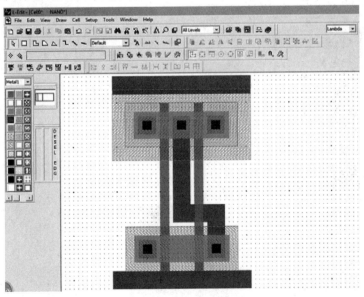

图 6.10 电源线和地线

(9) 连接电源线：根据 CMOS 与非门的电路图可以得到，并联 PMOS 晶体管的漏极都需要连接到电源线上，作为 CMOS 与非门的电源端 VDD，通过选择 Metal 金属绘图层，使用方形绘图工具，将并联 PMOS 晶体管的漏极与电源线连接一起，金属线的宽度与该金属线上流过的电流以及金属本身的电流密度等有关，如图 6.11 所示。

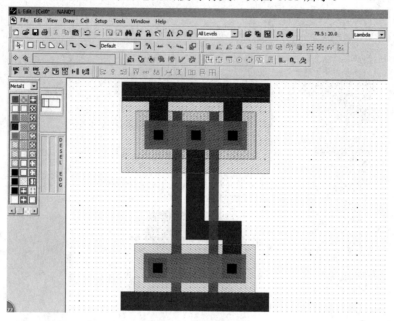

图 6.11　连接电源线

(10) 连接地线：根据 CMOS 与非门的电路图可以得到，NMOS 晶体管的源极需要连接到地线上，作为 CMOS 与非门的接地端 GND，通过选择 Metal 金属绘图层，使用方形绘图工具，先绘制接地线，然后将 NMOS 晶体管的源极与接地线连接一起，金属线的宽度与该金属线上流过的电流以及金属本身的电流密度等有关，如图 6.12 所示。

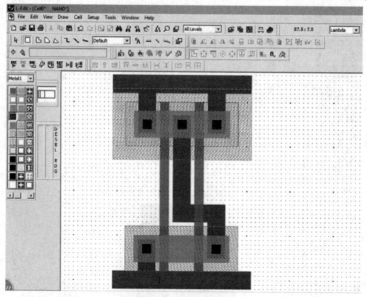

图 6.12　连接地线

(11) 引出输入端：将并联 PMOS 晶体管和串联 NMOS 晶体管的栅极通过多晶硅绘图层分别连接在一起，作为 CMOS 与非门的输入端，但是若想真正地引出信号线，需要通过选择 Metal 金属绘图层作为输入端 A 和输入端 B，因此在绘制的过程中，我们首先通过选择 Poly 多晶硅绘图层将栅极引出来，但是多晶硅和金属这两个绘图层不能够直接进行连接，因此需要通过选择 Poly Contact 多晶硅接触绘图层，使用方形绘图工具来实现多晶硅和金属层之间的连接，从而将两个输入端信号引出来，如图 6.13 所示。需要注意的是，两个输入端可以是上下排列，也可以是左右排列。

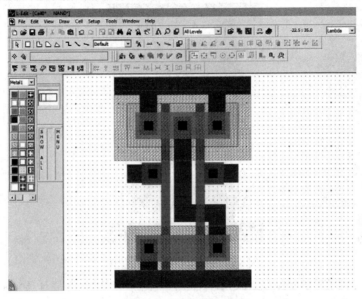

图 6.13　引出输入端

(12) 添加节点：根据 CMOS 与非门电路图，分别添加 VDD、GND、A、B、F 五个节点。可以通过选择图标 **A** 来添加节点，点击该按钮会出现如图 6.14 所示的对话框。在"On"的文本框里，选择添加的绘图层，例如电源 VDD 需要连接在金属层上，因此选择 Metal1，这一点需要十分注意，因为虽然不会影响到 DRC 的验证，但是会直接影响到芯片的功能，以及仿真的结果。在"Port name"的文本框里输入节点的名字 VDD。

图 6.14　添加节点的对话框

同样的道理分别添加其余节点 GND、A、B、F。这样 CMOS 与非门的版图就绘制完成了，并且已添加了节点，如图 6.15 所示。

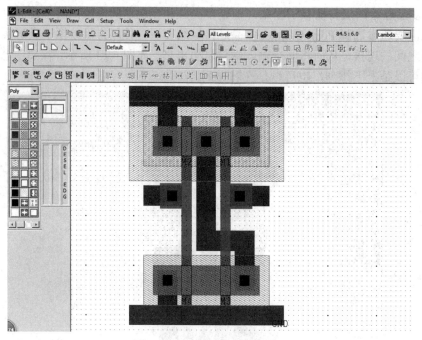

图 6.15 CMOS 与非门的版图

CMOS 与非门的版图设计完成之后，单击"保存"按钮，并选择 Tools→DRC 菜单命令，运行 DRC 规则验证，如果出现错误，则修改版图编辑，直至 DRC 验证 0 errors(没有错误)为止，如图 6.16 所示。

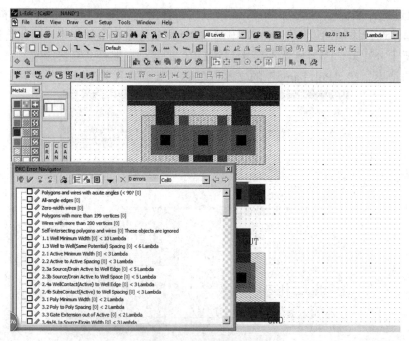

图 6.16 DRC 验证无误

(13) 输出网表。选择 Tools→Extract 命令，弹出输出网表对话框，如图 6.17 所示，在

SPICE extract output file 的文本框输入"NAND.spc"，点击"OK"按钮即可。

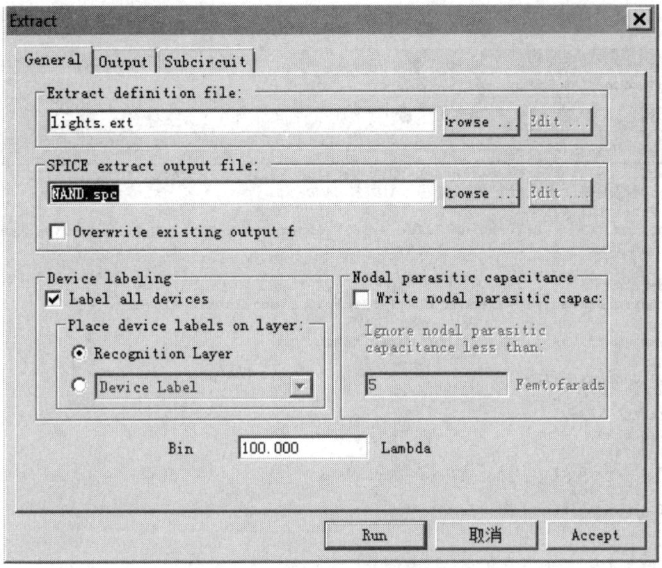

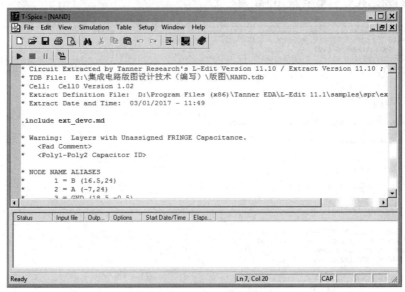

图 6.17　输出网表

6.4　利用 T-Spice 进行仿真验证

CMOS 与非门版图(电路图)仿真的步骤如下：

(1) 启动 T-Spice。

(2) 打开文件。选择 File→Open 命令，打开版图输出文件(.spc)或者打开电路图输出文件(.sp)。例如打开 NAND.spc，如图 6.18 所示。

图 6.18　打开 NAND.spc 文件

(3) 加载包含文件。点击"Insert Command"按钮，此时出现如图 6.19 所示的当前工作窗口。

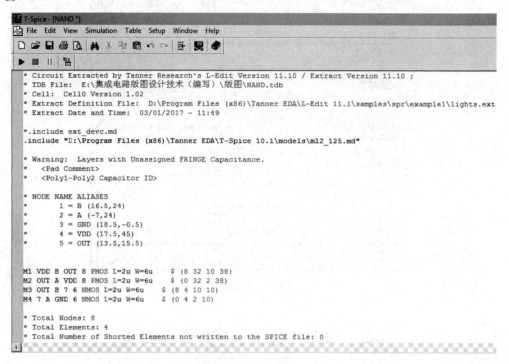

图 6.19　当前工作窗口

(4) 设定参数值。点击"Insert Command"按钮，此时出现如图 6.20 所示的当前工作窗口。

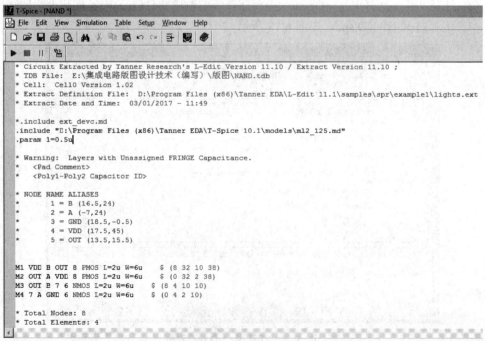

图 6.20　当前工作窗口

（5）电源设定。点击"Insert Command"按钮，此时出现如图 6.21 所示的当前工作窗口。

图 6.21　当前工作窗口

（6）输入信号 A 设定。选择命令 Edit→Insert Command，在弹出对话框的列表框中选择 Voltage Source 选项。单击 Pulse 选项，在 Voltage source name 文本框中输入 va，在 Positive terminal 文本框中输入 A，在 Negative terminal 文本框中输入 GND，在 Initial 文本框中输入 0，在 Peak 文本框中输入 5.0，在 Rise time 文本框中输入 On，在 Fall time 文本框中输入 0n，在 Pulse width 文本框中输入 50n，在 Pulse period 文本框中输入 100n，在 Initial delay 文本框中输入 20n，如图 6.22 所示。

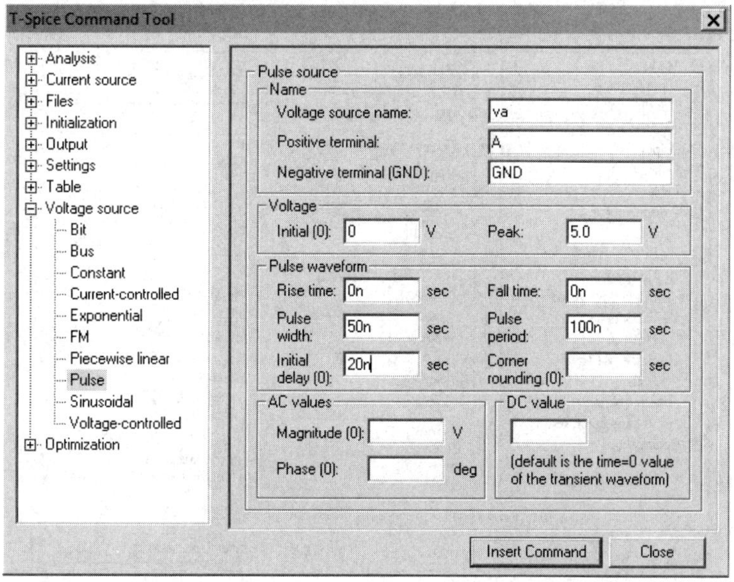

图 6.22　输入信号 A 设定

点击"Insert Command"按钮，此时出现如图 6.23 所示的当前工作窗口。

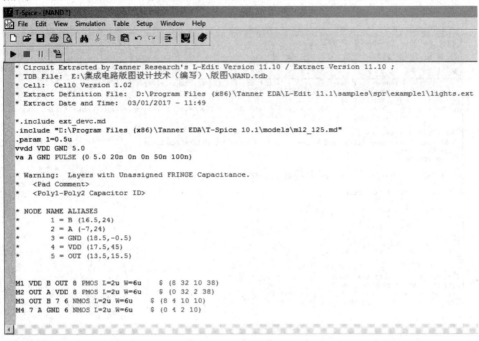

图 6.23　当前工作窗口

(7) 输入信号 B 设定。选择命令 Edit→Insert Command，在弹出对话框的列表框中选择 Voltage Source 选项。单击 Pulse 选项，通过在 Voltage source name 文本框中输入 vb，在 Positive terminal 文本框中输入 B，在 Negative terminal 文本框中输入 GND，在 Initial 文本框中输入 0，在 Peak 文本框中输入 5.0，在 Rise time 文本框中输入 0n，在 Fall time 文本框中输入 0n，在 Pulse width 文本框中输入 100n，在 Pulse period 文本框中输入 200n，在 Initial delay 文本框中输入 20n，如图 6.24 所示。

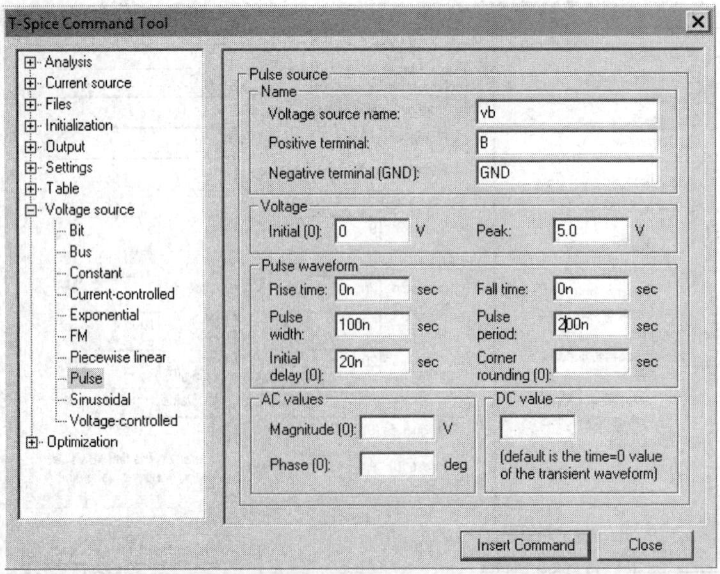

图 6.24　输入信号 B 设定

点击"Insert Command"按钮，此时出现如图 6.25 所示的当前工作窗口。

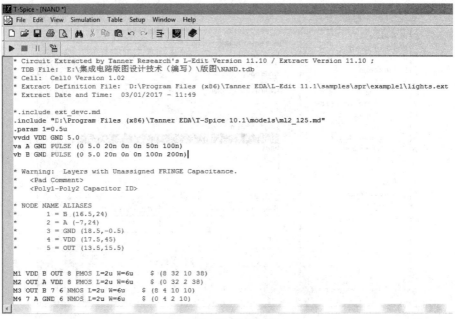

图 6.25　当前工作窗口

(8) 分析设定。点击"Insert Command"按钮，此时出现如图 6.26 所示的当前工作窗口。

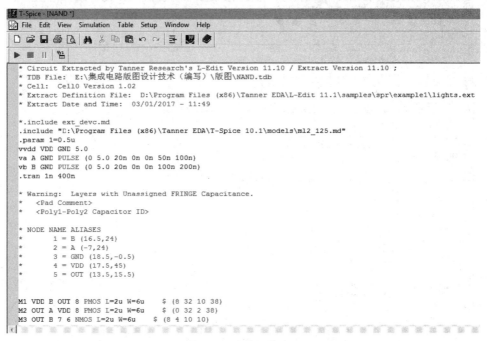

图 6.26　当前工作窗口

(9) 输出设定。选择命令 Edit→Insert Command，在弹出对话框的列表框中选择 Output 选项。单击 Transient results 选项，在 Node name 文本框中输入 F，点击"Add"按钮，接下来在 Node name 文本框中输入 B，点击"Add"按钮，再在 Node name 文本框中输入 A，点击"Add"按钮，如图 6.27 所示。

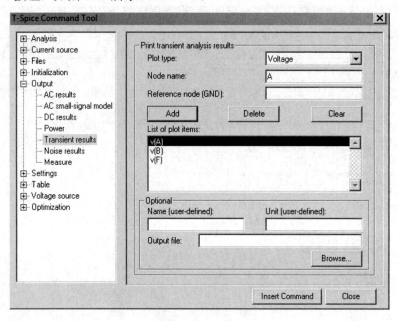

图 6.27　输出设定

点击"Insert Command"按钮，此时出现如图 6.28 所示的当前工作窗口。

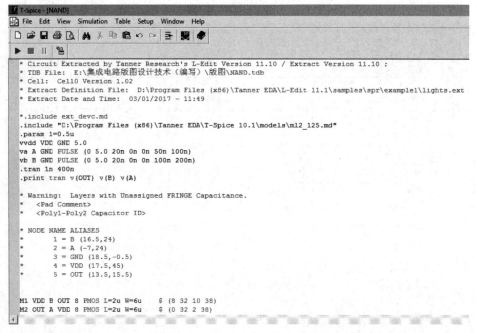

图 6.28　当前工作窗口

(10) 进行仿真。

CMOS 与非门版图的指令设定如下：

　　.include "D:\Program Files (x86)\Tanner EDA\T-Spice 10.1\models\ml2_125.md"

　　.param 1=0.5u

vvdd VDD GND 5.0

va A GND PULSE (0 5.0 20n 0n 0n 50n 100n)

vb B GND PULSE (0 5.0 20n 0n 0n 100n 200n)

.tran 1n 400n

.print tran v(F) v(B) v(A)

完成指令设定后，开始进行仿真。通过选择 Simulation→Start Simulation 命令，或者单击 ▶ 按钮图标来打开仿真运行(Run Simulation)对话框，如图 6.29 所示。

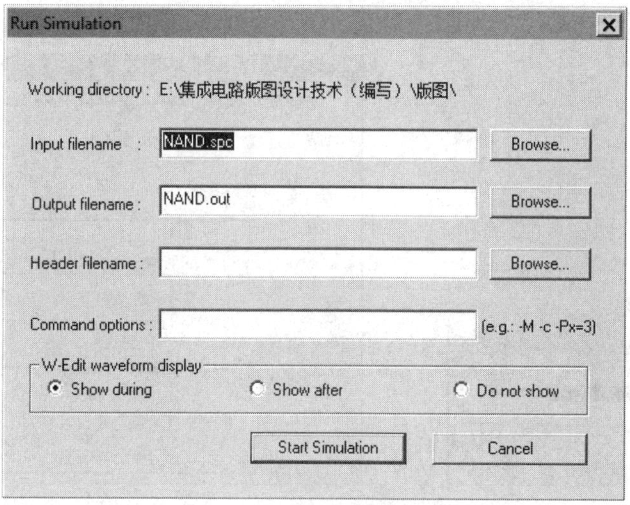

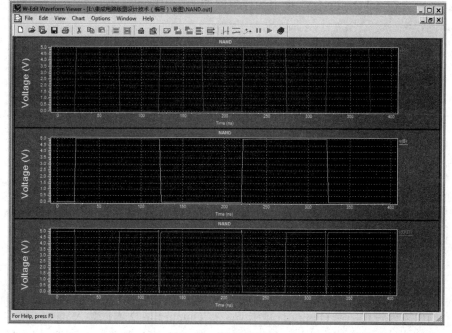

图 6.29　仿真运行的对话框

单击"Start Simulation"按钮，则会弹出仿真结果的报告窗口，并自动打开 W-Edit 窗口来观看仿真波形图，如图 6.30 所示。

图 6.30　仿真波形图

6.5　LVS 验证

LVS 验证的具体步骤如下：

(1) 启动 LVS 编辑器。

(2) 建立文件。选择 File→New 命令，会出现如图 6.31 所示的对话框，选择 LVS Setup 后点击"确定"按钮，则出现如图 6.32 所示文件设置的对话框。

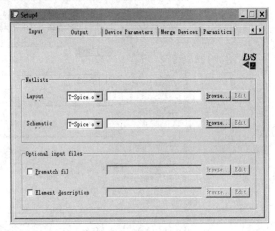

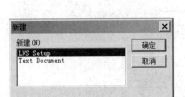

图 6.31　新建文件的对话框　　　　　　　　　图 6.32　文件设置的对话框

(3) 另存文件。选择 File→Save As 命令，在文本框中输入文件名 NAND_LVS 即可。

(4) 输入文件设定。在 Input 选项卡下，在 Layout 文本框中选择版图的输出网表文件，例如 nand.spc；在 Schematic 文本框中选择电路图的输出网表文件，例如 nand_tran.sp；如图 6.33 所示。

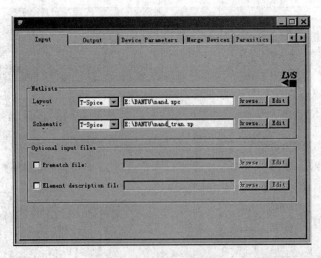

图 6.33　输入文件设定

(5) 输出文件设定。在 Output 选项卡下，在 Output file 文本框输入 nand.out，在 Node and element list 文本框输入 nand_tran.lst，并对如图 6.34 所示的复选对话框进行选择。

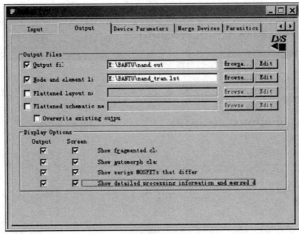

图 6.34 输出文件设定

(6) 器件参数设定。在Device Parameters选项卡下对如图6.35所示的复选对话框进行选择。

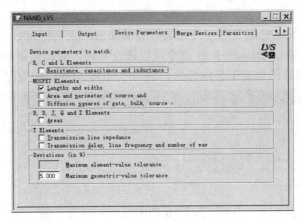

图 6.35 器件参数设定

(7) 选项设定。在 Options 选项卡下对如图 6.36 所示的复选对话框进行选择。

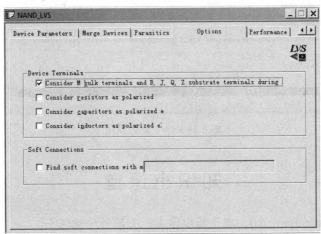

图 6.36 选项设定

(8) 模式设定。在 Performance 选项卡下对如图 6.37 所示的复选对话框进行选择。

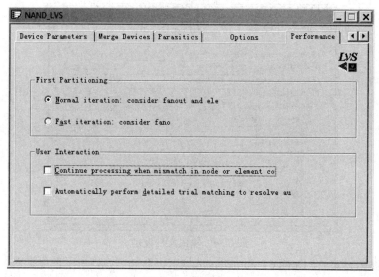

图 6.37　模式设定

(9) 执行对比。设定完成之后，开始进行版图输出网表文件.spc 和电路图输出网表文件.sp 的对比。选择 Verification→Run 命令可以进行对比，对比结果如图 6.38 所示。从对比结果可以得到，电路图和版图是相等的，说明 CMOS 与非门的版图设计是正确的。

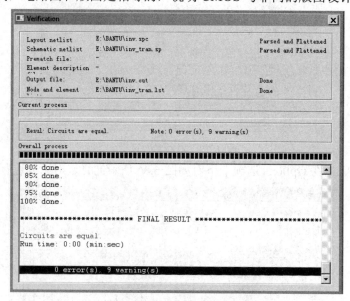

图 6.38　LVS 验证结果

知识小课堂

约翰·巴丁(John Bardeen)，理论物理学家、美国科学院院士。

1908 年 5 月 23 日，巴丁出生于威斯康星州麦迪逊城。1928 年他获得威斯康星大学理学士学位，1936 年获普林斯顿大学博士学位。此后，巴丁先后在哈佛大学、明尼苏达大学、海军军械实验室任职。1945 年，巴丁来到贝尔实验室工作，1951 年后任伊利诺伊大学教授。1959—1962 年兼任美国总统科学顾问委员会委员，1968 年任美国物理学会会长。

约翰·巴丁

　　巴丁的研究领域包括半导体器件、超导电性和复制技术。1947 年 12 月 23 日，巴丁与 W·B·肖克莱和 W·H·布拉顿制成点接触晶体管，共同获得 1956 年度诺贝尔物理学奖。1957 年，巴丁离开贝尔实验室到伊利诺伊大学开始超导方面的研究。巴丁独具慧眼，意识到解决超导问题很可能需要用到量子场论工具，而他在这方面又不是很在行，于是他就寻找了一位精通量子场论、从事过原子核问题研究的博士后 L·N·库珀。

　　巴丁不仅安排 L·N·库珀学习超导方面的知识，还鼓励他如何用自己所掌握的知识来解决超导中的问题。经过七年坚持不懈的努力工作，巴丁和 L·N·库珀以及研究生 J·R·施里弗一起，创立了有关低温状态下金属超导性的微观理论，解决了当时最重要的科学难题。1972 年他们三人因提出低温超导理论获诺贝尔物理学奖。在同一领域中一个人两次获得诺贝尔奖，这在历史上是罕见的。

课 后 习 题

简答题

1. 写出与非门的逻辑表达式和真值表。
2. 画出 CMOS 与非门的原理图模式和视图模式。
3. 使用 S-Edit 软件，上机练习 CMOS 与非门原理图的绘制，并简述其流程。
4. 使用 L-Edit 软件，上机练习 CMOS 与非门版图的绘制，并简述其流程。
5. 使用 T-Spice 软件，上机练习 CMOS 与非门的仿真，并简述其流程。

第七章　CMOS 或非门的版图设计实例

7.1　功　能　定　义

当所给条件中的一个或一个以上被满足时，结果就不能实现，这种逻辑关系就是"或非"关系。实现"或非"逻辑关系的门电路就叫做或非门(NOR Gate)。

设计目标：

(1) 使用 Tanner 软件中的 S-Edit 进行电路原理图绘制；

(2) 使用 Tanner 软件中的 L-Edit 进行版图绘制，并进行 DRC 验证；

(3) 使用 Tanner 软件中的 T-Spice 对电路进行仿真并分析波形；

(4) 完成课程设计报告。

7.2　利用 S-Edit 进行电路图设计

CMOS 两输入或非门的逻辑表达式为 $F = \overline{A + B}$，其真值表如表 7.1 所示。

表 7.1　两输入或非门的真值表

输　入		输　出
A	B	F
0	0	1
0	1	0
1	0	0
1	1	0

通过真值表可以发现，当两个输入同时为"0"的时候，输出为"1"，这可以通过将两个 NMOS 晶体管并联来实现；当有一个输入为"1"的时候，输出为"0"，这可以通过将两个 PMOS 晶体管串联来实现。

利用 S-Edit 进行电路设计的具体步骤如下：

(1) 启动 S-Edit。

(2) 在 Filename 文本框中输入名字"NOR"，如图 7.1 所示，点击"OK"按钮。

(3) 设置颜色。根据个人的喜好进行颜色设置，只要能区分开就可以。

(4) 设置网格。

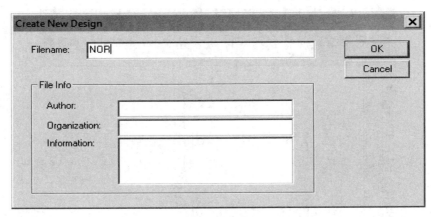

图 7.1 新建设计对话框

(5) 从器件库中调用器件。设置 CMOS 或非门的电路图,需要的器件有 MOSFET_N (NMOS 晶体管)、MOSFET_P(PMOS 晶体管)、VDD(电源)和 GND(接地),分别进行 Place(放置)即可。

(6) 进行器件布局。CMOS 或非门电路图器件的布局如图 7.2 所示。

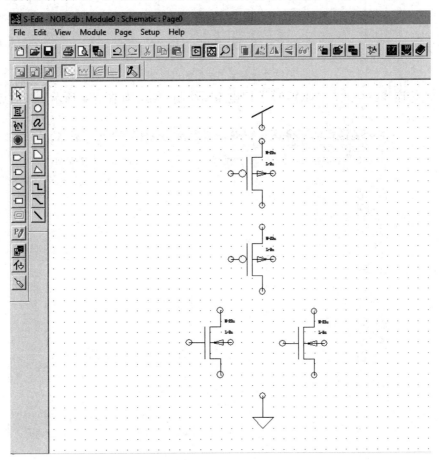

图 7.2 器件布局图

(7) 添加端口。CMOS 或非门添加了端口的电路图如图 7.3 所示。

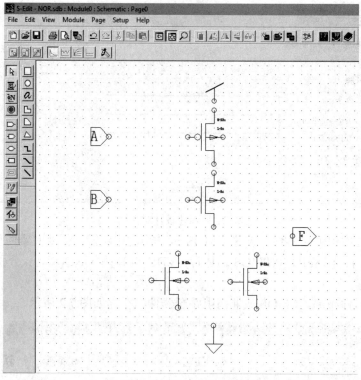

图 7.3　添加了端口的电路图

(8) 进行连线。至此，CMOS 或非门电路图绘制完成，如图 7.4 所示，最后点击"保存"按钮即可。

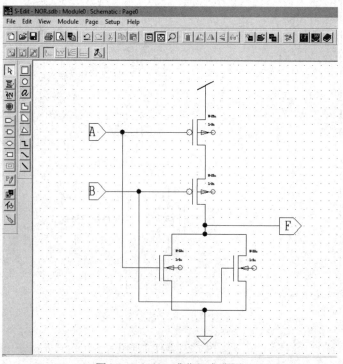

图 7.4　CMOS 或非门电路图

(9) 绘制出如图 7.5 所示的 CMOS 或非门符号视图。画弧形的时候注意要改变栅格的
设置。

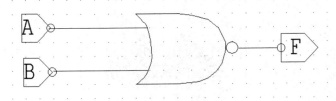

图 7.5　CMOS 或非门的符号视图

(10) 输出网表。输出网表对话框的设置如图 7.6 所示。

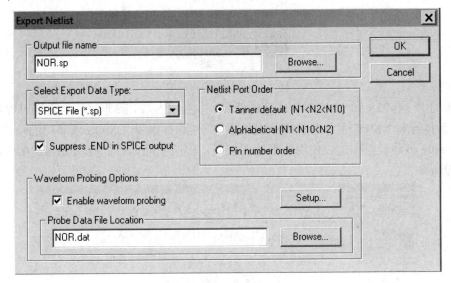

图 7.6　输出网表

7.3　利用 L-Edit 进行版图设计

利用 L-Edit 进行版图设计的具体步骤如下：

(1) 打开 L-Edit 程序。

(2) 另存为新文件，例如 NOR.tdb。

(3) 代替设定。

(4) 设计环境设定。

(5) 根据 CMOS 或非门的电路图可以知道，需要两个 PMOS 进行串联，两个 NMOS
进行并联，并将串联的 PMOS 放在上面，并联的 NMOS 放在下面，在摆放晶体管的时候
需要注意 DRC 设计规则。还需要注意的是，两个晶体管的 Poly 绘图层，也就是栅极，要

对齐摆放，这样有利于接下来的布线。晶体管的布局图如图 7.7 所示。

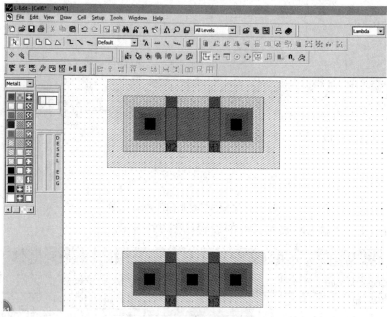

图 7.7　晶体管的布局图

（6）连接 NMOS 和 PMOS 晶体管的栅极：根据 CMOS 或非门的电路图可以得到，PMOS 晶体管和 NMOS 晶体管的栅极是连接在一起的，作为 CMOS 或非门的输入端，通过选择 Poly 多晶硅绘图层，使用方形绘图工具，将四个晶体管的栅极分别连接一起，如图 7.8 所示。

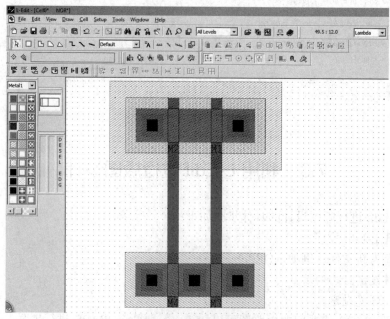

图 7.8　晶体管的栅极连接

（7）连接 PMOS 源极和 NMOS 漏极：根据 CMOS 或非门的电路图可以得到，PMOS 晶体管的源极和 NMOS 晶体管的漏极是连接在一起的，作为 CMOS 或非门的输出端 F，通过选择 Metal 金属绘图层，使用方形绘图工具，将 PMOS 晶体管的源极和 NMOS 晶体管的漏极连接一起，金属线的宽度与该金属线上流过的电流以及金属本身的电流密度等有关，如图 7.9 所示。

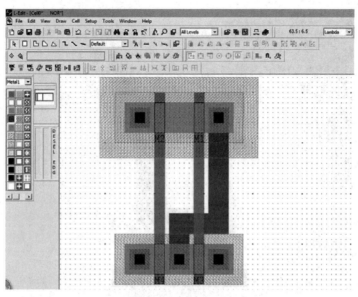

图 7.9　连接 PMOS 源极和 NMOS 漏极

(8) 绘制电源线和地线：根据 CMOS 或非门的电路图可以得到，CMOS 或非门需要连接电源 VDD 和地 GND，通过选择 Metal 金属绘图层，使用方形绘图工具，先绘制电源线，放置在串联 PMOS 的上方，然后再绘制接地线，放置在并联 NMOS 的下方，金属线的宽度应满足 DRC 设计规则的要求，而且金属线的宽度与该金属线上流过的电流以及金属本身的电流密度等有关，如图 7.10 所示。

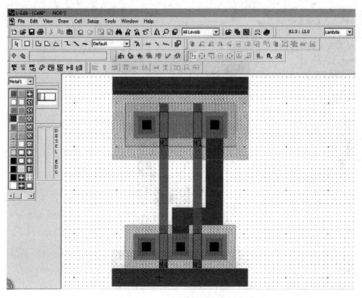

图 7.10　电源线和地线

(9) 连接电源线：根据 CMOS 或非门的电路图可以得到，串联 PMOS 晶体管的漏极需要连接到电源线上，作为 CMOS 或非门的电源端 VDD，通过选择 Metal 金属绘图层，使用方形绘图工具，将串联 PMOS 晶体管的漏极与电源线连接一起，金属线的宽度与该金属线上流过的电流以及金属本身的电流密度等有关，如图 7.11 所示。

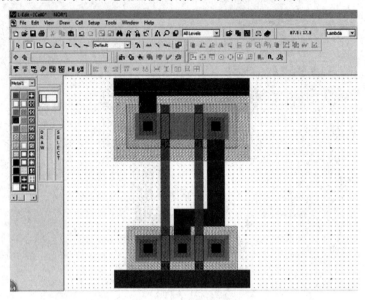

图 7.11　连接电源线

(10) 连接地线：根据 CMOS 或非门的电路图可以得到，NMOS 晶体管的源极都需要连接到地线上，作为 CMOS 或非门的接地端 GND，通过选择 Metal 金属绘图层，使用方形绘图工具，先绘制接地线，然后将 NMOS 晶体管的源极与接地线连接一起，金属线的宽度与该金属线上流过的电流以及金属本身的电流密度等有关，如图 7.12 所示。

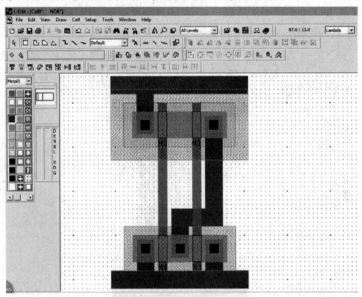

图 7.12　连接地线

(11) 引出输入端：将串联 PMOS 晶体管和并联 NMOS 晶体管的栅极通过多晶硅绘图层分别连接在一起，作为 CMOS 或非门的输入端，但是若想真正地引出信号线，需要通过选择 Metal 金属绘图层作为输入端 A 和输入端 B，因此在绘制的过程中，我们首先通过选择 Poly 多晶硅绘图层将栅极引出来，但是多晶硅和金属这两个绘图层不能够直接进行连接，因此需要通过选择 Poly Contact 多晶硅接触绘图层，使用方形绘图工具来实现多晶硅和金属层之间的连接，从而将两个输入端信号引出来，如图 7-13 所示。需要注意的是，两个输入端可以是上下排列，也可以是左右排列。

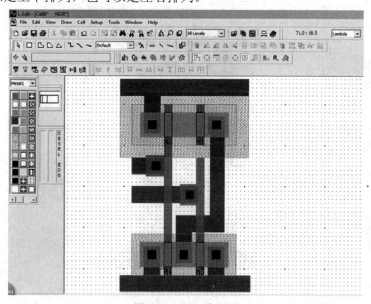

图 7.13 引出输入端

(12) 添加节点：根据 CMOS 或非门电路图，分别添加 VDD、GND、A、B、F 五个节点。可以通过选择图标 A 来添加节点，点击该按钮会出现如图 7.14 所示的对话框。在 "On" 的文本框里，选择添加的绘图层，例如电源 VDD 需要连接在金属层上，因此选择 Metal1，这一点需要十分注意，因为虽然不会影响到 DRC 的验证，但是会直接影响到芯片的功能，以及仿真的结果。在 "Port name" 的文本框里输入节点的名字 VDD。

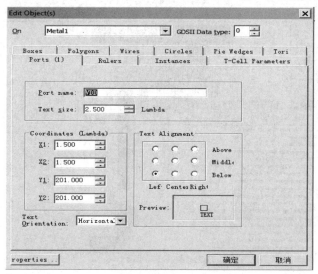

图 7.14 添加节点的对话框

　　同样的道理分别添加其余节点 GND、A、B、F。这样 CMOS 或非门的版图就绘制完成了，并且已添加了节点，如图 7.15 所示。

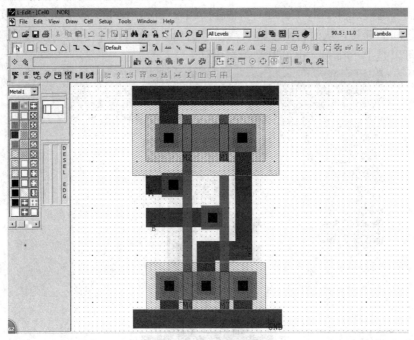

图 7.15　CMOS 或非门的版图

　　CMOS 或非门的版图设计完成之后，单击"保存"按钮，并选择 Tools→DRC 菜单命令，运行 DRC 规则验证，如果出现错误，则修改版图编辑，直至 DRC 验证 0 errors(没有错误)为止，如图 7.16 所示。

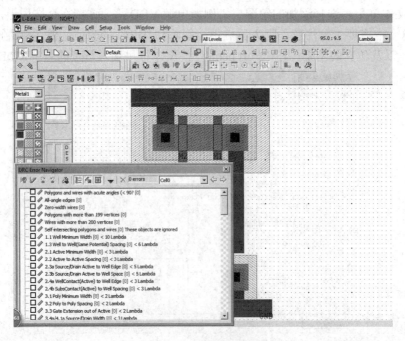

图 7.16　DRC 验证无误

(13) 输出网表。选择 Tools→Extract 命令，弹出输出网表对话框，如图 7.17 所示，在 SPICE extract output file 的文本框输入"NOR.spc"，点击"OK"按钮即可。

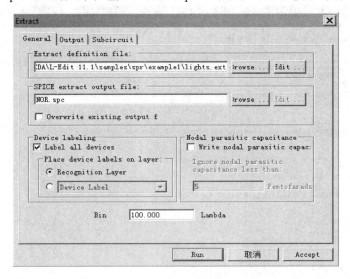

图 7.17　输出网表

7.4　利用 T-Spice 进行仿真验证

CMOS 或非门版图(电路图)仿真的步骤如下：

(1) 启动 T-Spice。

(2) 打开文件。选择 File→Open 命令，打开版图输出文件(.spc)或者打开电路图输出文件(.sp)。例如打开 NOR.spc，如图 7.18 所示。

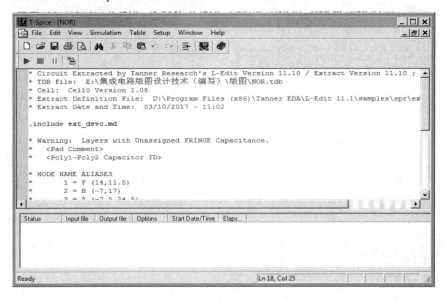

图 7.18　打开 NOR.spc 文件

(3) 加载包含文件。点击"Insert Command"按钮，此时出现如图 7.19 所示的当前工作窗口。

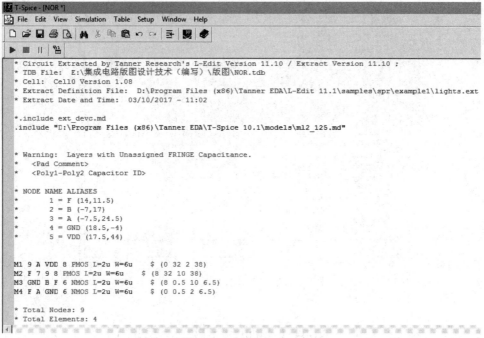

图 7.19　当前工作窗口

(4) 设定参数值。点击"Insert Command"按钮，此时出现如图 7.20 所示的当前工作窗口。

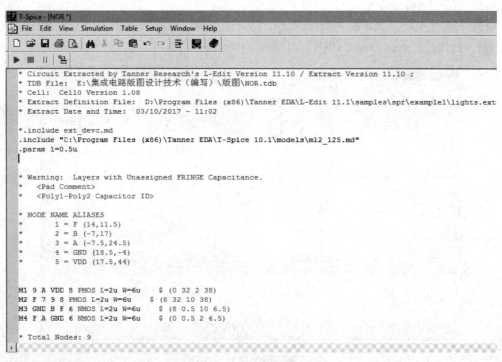

图 7.20　当前工作窗口

(5) 电源设定。点击"Insert Command"按钮，此时出现如图 7.21 所示的当前工作窗口。

图 7.21　当前工作窗口

(6) 输入信号 A 设定。选择命令 Edit→Insert Command，在弹出对话框的列表框中选择 Voltage source 选项。单击 Pulse 选项，在 Voltage source name 文本框中输入 va，在 Positive terminal 文本框中输入 A，在 Negative terminal 文本框中输入 GND，在 Initial 文本框中输入 0，在 Peak 文本框中输入 5.0，在 Rise time 文本框中输入 0n，在 Fall time 文本框中输入 0n，在 Pulse width 文本框中输入 50n，在 Pulse period 文本框中输入 100n，在 Initial delay 文本框中输入 20n，如图 7.22 所示。

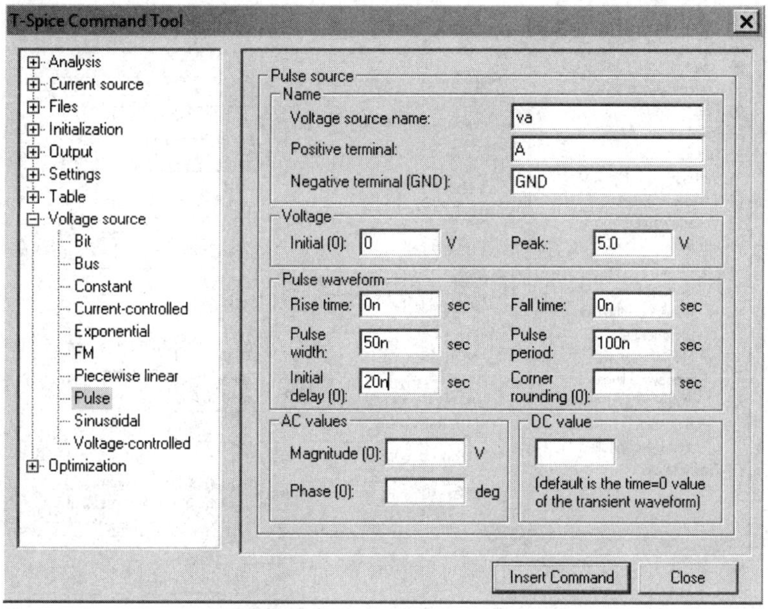

图 7.22　输入信号 A 设定

点击"Insert Command"按钮，此时出现如图 7.23 所示的当前工作窗口。

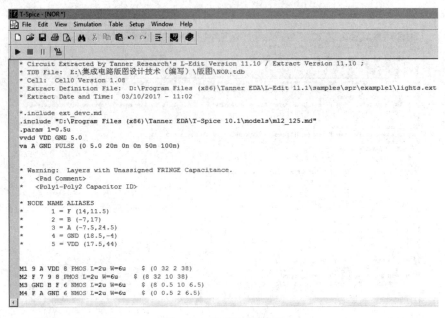

```
T-Spice - [NOR *]
File  Edit  View  Simulation  Table  Setup  Window  Help

* Circuit Extracted by Tanner Research's L-Edit Version 11.10 / Extract Version 11.10 ;
* TDB File:  E:\集成电路版图设计技术（编写）\版图\NOR.tdb
* Cell:  Cell0 Version 1.08
* Extract Definition File:  D:\Program Files (x86)\Tanner EDA\L-Edit 11.1\samples\spr\example1\lights.ext
* Extract Date and Time:  03/10/2017 - 11:02

*.include ext_devc.md
.include "D:\Program Files (x86)\Tanner EDA\T-Spice 10.1\models\ml2_125.md"
.param l=0.5u
vvdd VDD GND 5.0
va A GND PULSE (0 5.0 20n 0n 0n 50n 100n)


* Warning:  Layers with Unassigned FRINGE Capacitance.
*    <Pad Comment>
*    <Poly1-Poly2 Capacitor ID>

* NODE NAME ALIASES
*      1 = F (14,11.5)
*      2 = B (-7,17)
*      3 = A (-7.5,24.5)
*      4 = GND (18.5,-4)
*      5 = VDD (17.5,44)


M1 9 A VDD 8 PMOS L=2u W=6u    $ (0 32 2 38)
M2 F 7 9 8 PMOS L=2u W=6u      $ (8 32 10 38)
M3 GND B F NMOS L=2u W=6u      $ (8 0.5 10 6.5)
M4 F A GND 6 NMOS L=2u W=6u    $ (0 0.5 2 6.5)
```

图 7.23 当前工作窗口

(7) 输入信号 B 设定。选择命令 Edit→Insert Command，在弹出对话框的列表框中选择 Voltage source 选项。单击 Pulse 选项，在 Voltage source name 文本框中输入 vb，在 Positive terminal 文本框中输入 B，在 Negative terminal 文本框中输入 GND，在 Initial 文本框中输入 0，在 Peak 文本框中输入 5.0，在 Rise time 文本框中输入 0n，在 Fall time 文本框中输入 0n，在 Pulse width 文本框中输入 100n，在 Pulse period 文本框中输入 200n，在 Initial delay 文本框中输入 20n，如图 7.24 所示。

图 7.24 输入信号 B 设定

点击"Insert Command"按钮，此时出现如图 7.25 所示的当前工作窗口。

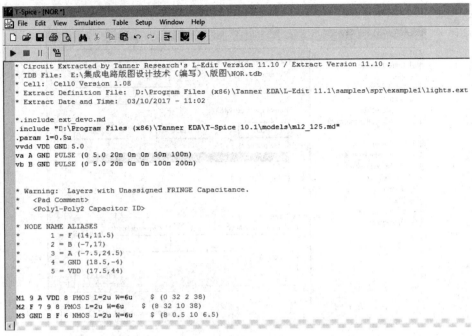

图 7.25　当前工作窗口

(8) 分析设定。点击"Insert Command"按钮，此时出现如图 7.26 所示的当前工作窗口。

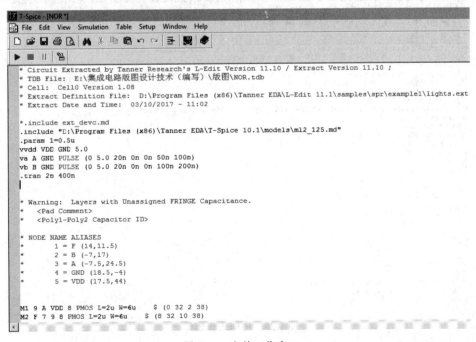

图 7.26　当前工作窗口

(9) 输出设定。选择命令 Edit→Insert Command，在弹出对话框的列表框中选择 Output选项。单击 Transient results 选项，在 Node name 文本框中输入 OUT，点击"Add"按钮，接下来在 Node name 文本框中输入 B，点击"Add"按钮，再在 Node name 文本框中输入 A，点击"Add"按钮，如图 7.27 所示。

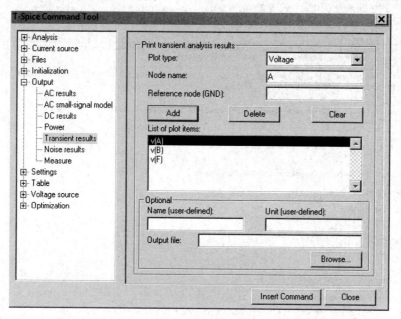

图 7.27　输出设定

点击"Insert Command"按钮，此时出现如图 7.28 所示的当前工作窗口。

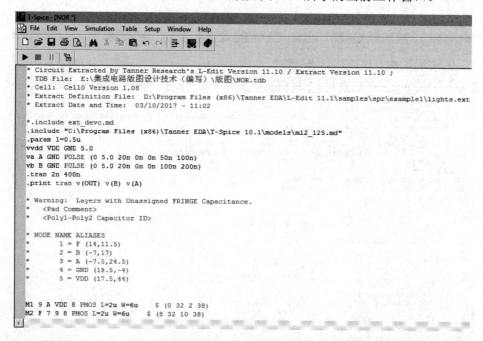

图 7.28　当前工作窗口

(10) 进行仿真。

CMOS 或非门版图的指令设定如下：

.include "D:\Program Files (x86)\Tanner EDA\T-Spice 10.1\models\ml2_125.md"

.param 1=0.5u

vvdd VDD GND 5.0

va A GND PULSE (0 5.0 20n 0n 0n 50n 100n)

vb B GND PULSE (0 5.0 20n 0n 0n 100n 200n)

.tran 1n 400n

.print tran v(F) v(B) v(A)

完成指令设定后，开始进行仿真。通过选择 Simulation→Start Simulation 命令，或者单击 " ▶ " 按钮图标来打开仿真运行(Run Simulation)对话框，如图 7.29 所示。

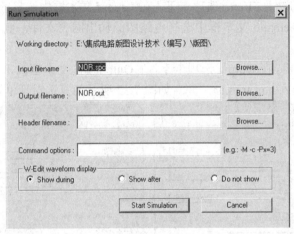

图 7.29　仿真运行的对话框

单击 "Start Simulation" 按钮，会弹出仿真结果的报告窗口，并自动打开 W-Edit 窗口来观看仿真波形图，如图 7.30 所示。

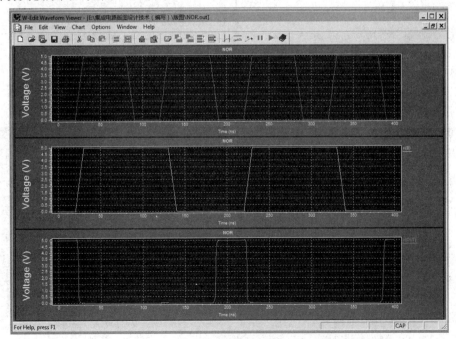

图 7.30　仿真波形图

7.5　LVS 验证

LVS 验证的具体步骤如下：

(1) 启动 LVS 编辑器。

(2) 建立文件。

(3) 另存文件。选择 File→Save As 命令，在文本框中输入文件名 NOR_LVS 即可。

(4) 输入文件设定。在 Input 选项卡下，在 Layout 文本框中选择版图的输出网表文件，例如 nor.spc；在 Schematic 文本框中选择电路图的输出网表文件，例如 nor_tran.sp；如图 7.31 所示。

(5) 输出文件设定。在 Output 选项卡下，在 Output file 文本框输入 nor.out，在 Node and element list 文本框输入 nor_tran.lst，并对如图 7.32 所示的复选对话框进行选择。

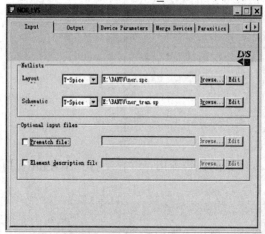
图 7.31　输入文件设定

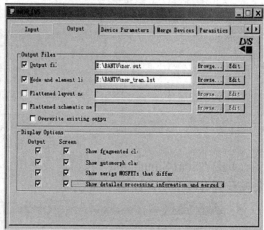
图 7.32　输出文件设定

(6) 器件参数设定。在 Device Parameters 选项卡下对如图 7.33 所示的复选对话框进行选择。

(7) 选项设定。在 Options 选项卡下对如图 7.34 所示的复选对话框进行选择。

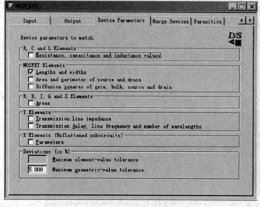
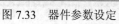
图 7.33　器件参数设定

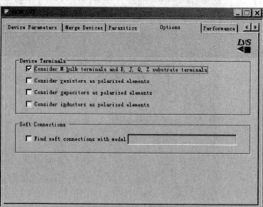
图 7.34　选项设定

(8) 模式设定。在 Performance 选项卡下对如图 7.35 所示的复选对话框进行选择。

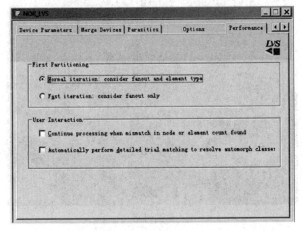

图 7.35　模式设定

(9) 执行对比。设定完成之后，开始进行版图输出网表文件.spc 和电路图输出网表文件.sp 的对比。选择 Verification→Run 命令可以进行对比，对比结果如图 7.36 所示。从对比结果可以得到，电路图和版图是相等的，说明 CMOS 或非门的版图设计是正确的。

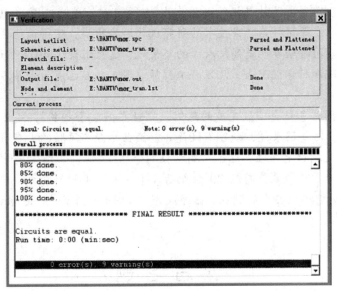

图 7.36　LVS 验证结果

知 识 小 课 堂

　　硅谷(Silicon Valley)位于美国加利福尼亚州，它是旧金山经圣克拉拉至圣何塞近 50 公里的一条狭长地带，是美国重要的电子工业基地，也是世界最为知名的电子工业集中地。

美国硅谷

　　硅谷是随着 20 世纪 60 年代中期以来微电子技术高速发展而逐步形成的，其特点是以附近一些具有雄厚科研力量的美国一流大学如斯坦福、伯克利和加州理工等世界知名大学为依托，以高技术的中小公司群为基础，并拥有思科、英特尔、惠普、朗讯、苹果等大公司，融科学、技术、生产为一体。目前，它已有大大小小的电子工业公司达 10000 家以上，所产半导体集成电路和电子计算机约占全美的 1/3 和 1/6。20 世纪 80 年代后期，生物、空间、海洋、通讯、能源材料等新兴技术的研究机构纷纷出现，使得该地区客观上成为美国高新技术的摇篮。同时硅谷也是高端人才的集聚地，这里汇聚了 40 多位诺贝尔奖获得者，上千名国家工程院和科学院院士，几万名工程师。现在硅谷已成为世界各国半导体工业聚集区的代名词。

　　硅谷作为美国信息社会"最完美的范例"、"世界微电子之乡"，是美国最为成功的高技术开发区之一。对美国来说，硅谷不仅是其重领世界经济风骚的火车头，而且有着巨大而深远的文化涵义。正是在硅谷这个"高科技的香格里拉"，上演着一幕幕最新版本的西部探险和淘金传奇，凝聚着美国在 20 世纪后几十年最宝贵的想象力。硅谷之所以能够牵引世界，正是因为它通过持久的创新，始终成为"最新的新东西"(the Newest New Thing)。

课 后 习 题

简答题

1. 写出或非门的逻辑表达式和真值表。

2. 画出 CMOS 或非门的原理图模式和视图模式。

3. 使用 S-Edit 软件，上机练习 CMOS 或非门原理图的绘制，并简述其流程。

4. 使用 L-Edit 软件，上机练习 CMOS 或非门版图的绘制，并简述其流程。

5. 使用 T-Spice 软件，上机练习 CMOS 或非门的仿真，并简述其流程。

第八章　CMOS 复合逻辑门的版图设计实例

8.1　功　能　定　义

用基本 CMOS 逻辑门进行组合来实现复合逻辑门。例如，实现逻辑函数 $F = \overline{AB + CD}$ 。

设计目标：

(1) 使用 Tanner 软件中的 S-Edit 进行电路原理图绘制；

(2) 使用 Tanner 软件中的 L-Edit 进行版图绘制，并进行 DRC 验证；

(3) 使用 Tanner 软件中的 T-Spice 对电路进行仿真并分析波形；

(4) 完成课程设计报告。

8.2　利用 S-Edit 进行电路图设计

CMOS 复合逻辑门的逻辑表达式为 $F = \overline{AB + CD}$ ，其真值表如表 8.1 所示。

表 8.1　四输入逻辑门的真值表

输　入				输　出
A	B	C	D	F
0	0	0	0	1
0	0	0	1	1
0	0	1	0	1
0	0	1	1	0
0	1	0	0	1
0	1	0	1	1
0	1	1	0	1
0	1	1	1	0
1	0	0	0	1
1	0	0	1	1
1	0	1	0	1
1	0	1	1	0
1	1	0	0	0
1	1	0	1	0
1	1	1	0	0
1	1	1	1	0

利用 S-Edit 进行电路设计的具体步骤如下：

(1) 启动 S-Edit。

(2) 在 Filename 文本框中输入名字"liuchang"，如图 8.1 所示，点击"OK"按钮。

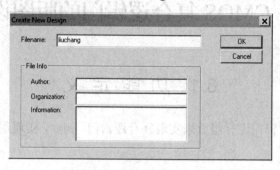

图 8.1　新建设计对话框

(3) 设置颜色。根据个人的喜好进行颜色设置，只要能区分开就可以。

(4) 设置网格。

(5) 从器件库中调用器件。设置 CMOS 复合逻辑门的电路图，需要的器件有 MOSFET_N(NMOS 晶体管)、MOSFET_P(PMOS 晶体管)、VDD(电源)和 GND(接地)，分别进行 Place(放置)即可。

(6) 进行器件布局。CMOS 复合逻辑门电路图器件的布局如图 8.2 所示。

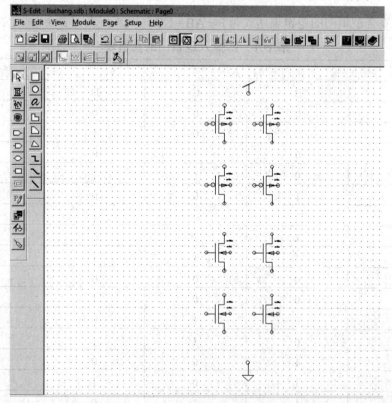

图 8.2　器件布局图

(7) 添加端口。CMOS 复合逻辑门添加了端口的电路图如图 8.3 所示。

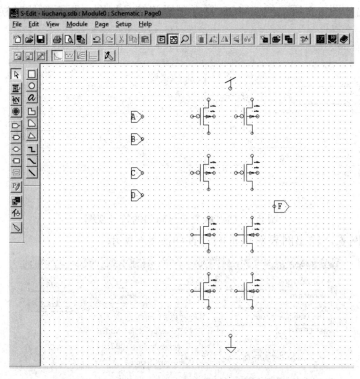

图8.3　添加了端口的电路图

(8) 进行连线。至此，CMOS复合逻辑门电路图绘制完成，如图8.4所示，最后点击"保存"按钮即可。

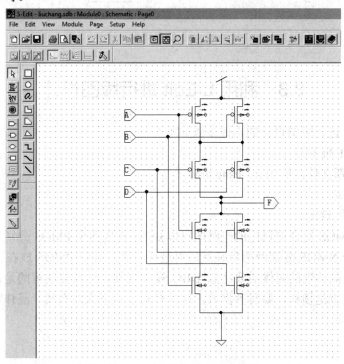

图8.4　CMOS复合逻辑门电路图

(9) 绘制出如图 8.5 所示的 CMOS 复合逻辑门符号视图。画弧形的时候注意要改变栅格的设置。

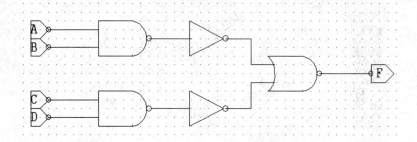

图 8.5　CMOS 复合逻辑门的符号视图

(10) 输出网表。输出网表对话框的设置如图 8.6 所示。

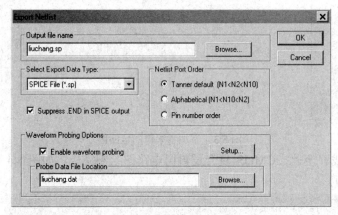

图 8.6　输出网表

8.3　利用 L-Edit 进行版图设计

利用 L-Edit 进行版图设计的具体步骤如下：

(1) 打开 L-Edit 程序。

(2) 另存为新文件，例如 liuchang.tdb。

(3) 代替设定。

(4) 设计环境设定。

(5) 根据 CMOS 复合逻辑门的电路图可以知道，需要四个 PMOS 分别两两并联然后再进行串联，四个 NMOS 分别两两串联然后再进行并联，并将 PMOS 放在上面，NMOS 放在下面，在摆放晶体管的时候需要注意 DRC 设计规则。还需要注意的是，两个晶体管的 Poly 绘图层，也就是栅极，要对齐摆放，这样有利于接下来的布线。晶体管的布局图如图 8.7 所示。

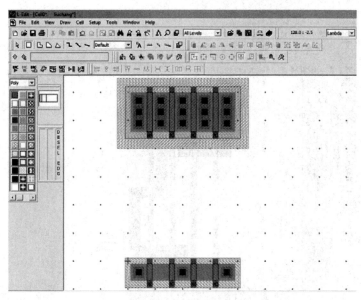

图 8.7　晶体管的布局图

　　(6) 连接 NMOS 和 PMOS 晶体管的栅极：根据 CMOS 复合逻辑门的电路图可以得到，PMOS 晶体管和 NMOS 晶体管的栅极是连接在一起的，作为 CMOS 复合逻辑门的输入端，通过选择 Poly 多晶硅绘图层，使用方形绘图工具，将四个晶体管的栅极分别连接一起，如图 8.8 所示。

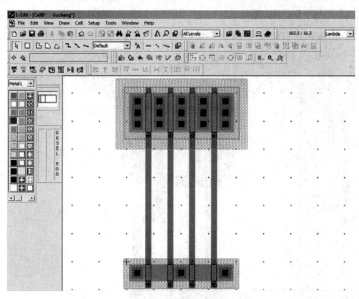

图 8.8　晶体管的栅极连接

　　(7) 连接 PMOS 源极和 NMOS 漏极：根据 CMOS 复合逻辑门的电路图可以得到，PMOS 晶体管的源极和 NMOS 晶体管的漏极是连接在一起的，作为 CMOS 复合逻辑门的输出端 F，通过选择 Metal 金属绘图层，使用方形绘图工具，将 PMOS 晶体管的源极和 NMOS 晶体管的漏极连接一起，金属线的宽度与该金属线上流过的电流以及金属本身的电流密度等有关，如图 8.9 所示。

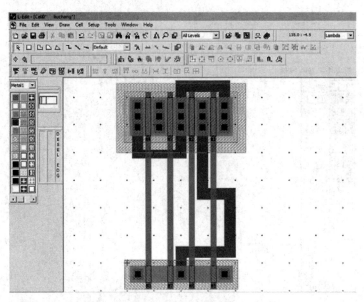

图 8.9　连接 PMOS 源极和 NMOS 漏极

(8) 绘制电源线和地线：根据 CMOS 复合门的电路图可以得到，CMOS 复合逻辑门需要连接电源 VDD 和地 GND，通过选择 Metal 金属绘图层，使用方形绘图工具，先绘制电源线，放置在 PMOS 的上方，然后再绘制接地线，放置在 NMOS 的下方，金属线的宽度应满足 DRC 设计规则的要求，而且金属线的宽度与该金属线上流过的电流以及金属本身的电流密度等有关，如图 8.10 所示。

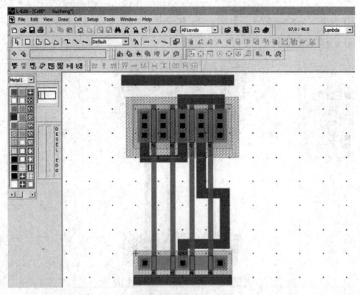

图 8.10　电源线和地线

(9) 连接电源线：根据 CMOS 复合逻辑门的电路图可以得到，两两并联的 PMOS 晶体管的漏极需要连接到电源线上，作为 CMOS 复合逻辑门的电源端 VDD，通过选择 Metal 金属绘图层，使用方形绘图工具，将 PMOS 晶体管的漏极与电源线连接一起，金属线的宽度与该金属线上流过的电流以及金属本身的电流密度等有关，如图 8.11 所示。

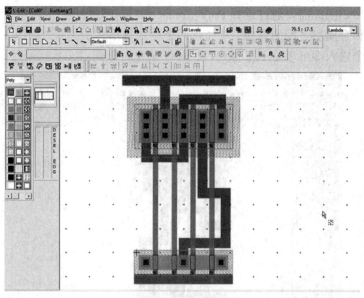

图 8.11　连接电源线

(10) 连接地线：根据 CMOS 复合逻辑门的电路图可以得到，两两串联 NMOS 晶体管的源极需要连接到地线上，作为 CMOS 复合逻辑门的接地端 GND，通过选择 Metal 金属绘图层，使用方形绘图工具，先绘制接地线，然后将 NMOS 晶体管的源极与接地线连接一起，金属线的宽度与该金属线上流过的电流以及金属本身的电流密度等有关，如图 8.12 所示。

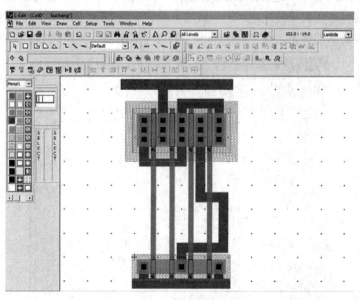

图 8.12　连接地线

(11) 引出输入端：将 PMOS 晶体管和 NMOS 晶体管的栅极通过多晶硅绘图层分别连接在一起，作为 CMOS 复合逻辑门的输入端，但是若想真正地引出信号线，需要通过选择 Metal 金属绘图层作为输入端 A、输入端 B、输入端 C、输入端 D，因此在绘制的过程中，我们首先通过选择 Poly 多晶硅绘图层将栅极引出来，但是多晶硅和金属这两个绘图层不能够直接进行连接，因此需要通过选择 Poly Contact 多晶硅接触绘图层，使用方形绘图工具来实现多晶硅和金属层之间的连接，从而将两个输入端信号引出来，如图 8.13 所示。需要注意的是，两个输入端可以是上下排列，也可以是左右排列。

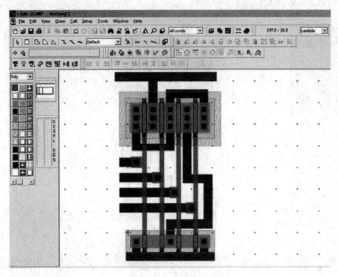

图 8.13 引出输入端

(12) 添加节点：根据 CMOS 复合逻辑门电路图，分别添加 VDD、GND、A、B、C、D、F 七个节点。可以通过选择图标"_□A"来添加节点，点击该按钮会出现如图 8.14 所示的对话框。在"On"的文本框里，选择添加的绘图层，例如电源 VDD 需要连接在金属层上，因此选择 Metal1，这一点需要十分注意，因为虽然不会影响到 DRC 的验证，但是会直接影响到芯片的功能，以及仿真的结果。在"Port name"的文本框里输入节点的名字 VDD。

图 8.14 添加节点的对话框

同样的道理分别添加其余节点 GND、A、B、C、D、F。这样 CMOS 复合逻辑门的版图就绘制完成了，并且已添加了节点，如图 8.15 所示。

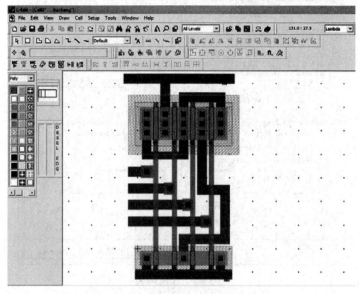

图 8.15　CMOS 复合逻辑门的版图

CMOS 复合逻辑门的版图设计完成之后，单击"保存"按钮，并选择 Tools→DRC 菜单命令，运行 DRC 规则验证，如果出现错误，则修改版图编辑，直至 DRC 验证 0 errors(没有错误)为止，如图 8.16 所示。

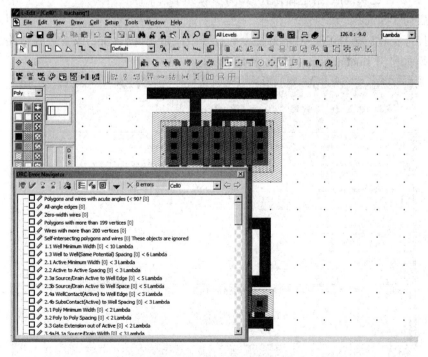

图 8.16　DRC 验证无误

(13) 输出网表。选择 Tools→Extract 命令，弹出输出网表对话框，如图 8.17 所示，在

SPICE extract output file 的文本框输入"liuchang.spc",点击"OK"按钮即可。

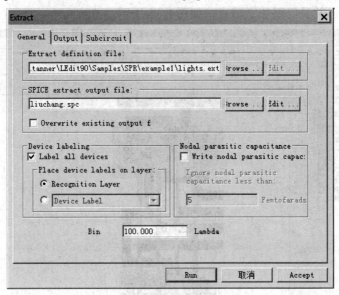

图 8.17　输出网表

8.4　利用 T-Spice 进行仿真验证

CMOS 复合逻辑门版图(电路图)仿真的步骤如下:

(1) 启动 T-Spice。

(2) 打开文件。选择 File→Open 命令,打开版图输出文件(.spc)或者打开电路图输出文件(.sp)。例如打开 liuchang.spc,如图 8.18 所示。

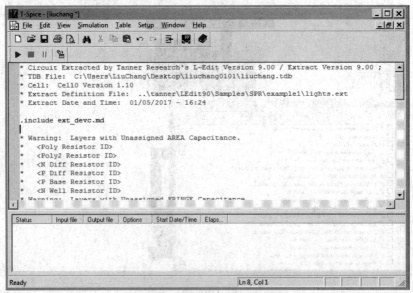

图 8.18　打开 liuchang.spc 文件

(3) 加载包含文件。点击"Insert Command"按钮，此时出现如图 8.19 所示的当前工作窗口。

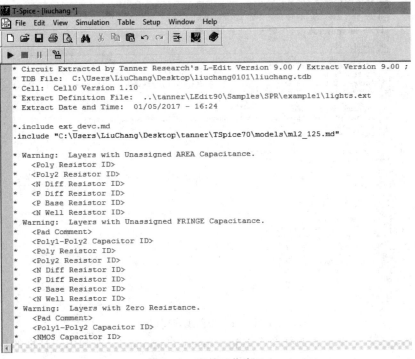

图 8.19　当前工作窗口

(4) 设定参数值。点击"Insert Command"按钮，此时出现如图 8.20 所示的当前工作窗口。

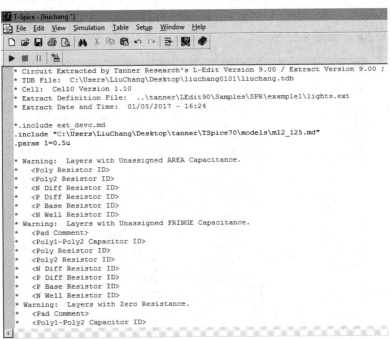

图 8.20　当前工作窗口

(5) 电源设定。点击"Insert Command"按钮，此时出现如图 8.21 所示的当前工作窗口。

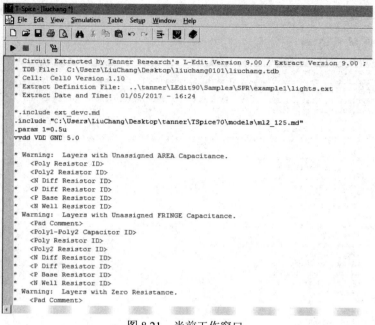

图 8.21　当前工作窗口

(6) 输入信号 A 设定。选择命令 Edit→Insert Command，在弹出对话框的列表框中选择 Voltage Source 选项。单击 Pulse 选项，在 Voltage source name 文本框中输入 va，在 Positive terminal 文本框中输入 A，在 Negative terminal 文本框中输入 GND，在 Initial 文本框中输入 0，在 Peak 文本框中输入 5.0，在 Rise time 文本框中输入 0n，在 Fall time 文本框中输入 0n，在 Pulse width 文本框中输入 50n，在 Pulse period 文本框中输入 100n，在 Initial delay 文本框中输入 20n，如图 8.22 所示。

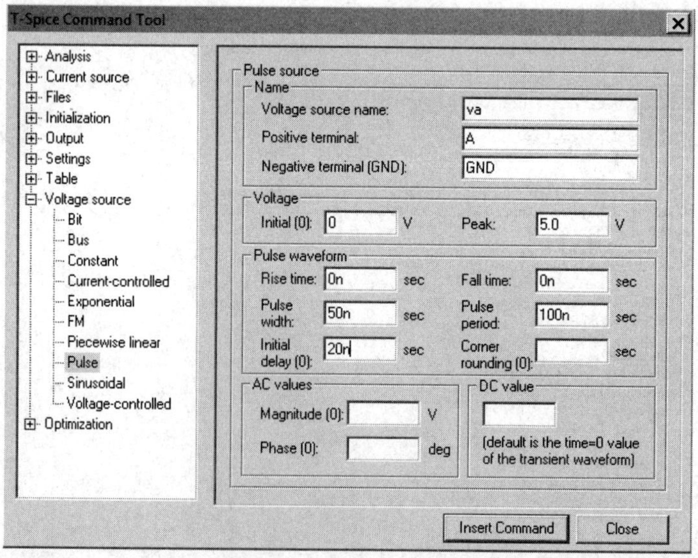

图 8.22　输入信号 A 设定

点击"Insert Command"按钮，此时出现如图 8.23 所示的当前工作窗口。

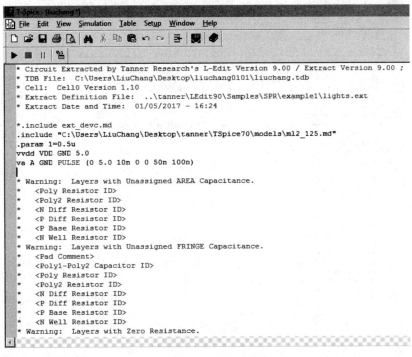

图 8.23　当前工作窗口

(7) 输入信号 B 设定。选择命令 Edit→Insert Command，在弹出对话框的列表框中选择 Voltage Source 选项。单击 Pulse 选项，在 Voltage source name 文本框中输入 vb，在 Positive terminal 文本框中输入 B，在 Negative terminal 文本框中输入 GND，在 Initial 文本框中输入 0，在 Peak 文本框中输入 5.0，在 Rise time 文本框中输入 0n，在 Fall time 文本框中输入 0n，在 Pulse width 文本框中输入 100n，在 Pulse period 文本框中输入 200n，在 Initial delay 文本框中输入 20n，如图 8.24 所示。

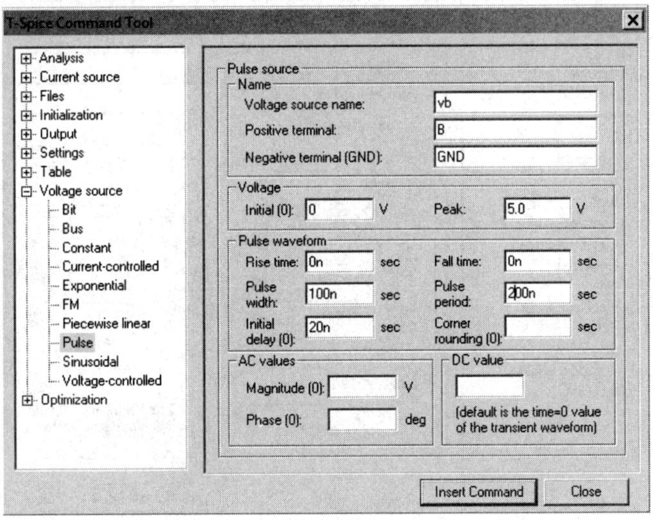

图 8.24　输入信号 B 设定

点击"Insert Command"按钮，此时出现如图 8.25 所示的当前工作窗口。

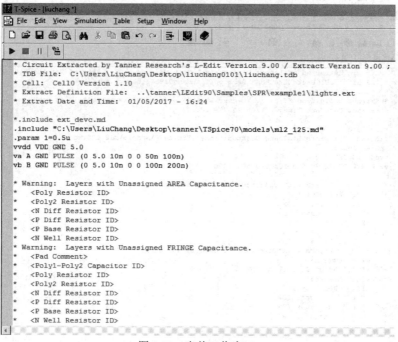

图 8.25　当前工作窗口

(8) 输入信号 C 设定。选择命令 Edit→Insert Command，在弹出对话框的列表框中选择 Voltage Source 选项。单击 Pulse 选项，在 Voltage source name 文本框中输入 vc，在 Positive terminal 文本框中输入 C，在 Negative terminal 文本框中输入 GND，在 Initial 文本框中输入 0，在 Peak 文本框中输入 5.0，在 Rise time 文本框中输入 0n，在 Fall time 文本框中输入 0n，在 Pulse width 文本框中输入 200n，在 Pulse period 文本框中输入 400n，在 Initial delay 文本框中输入 20n，如图 8.26 所示。

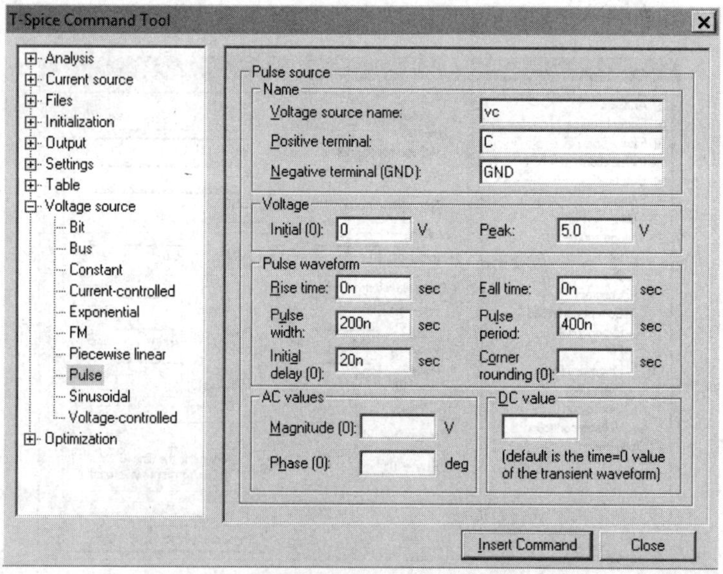

图 8.26　输入信号 C 设定

点击"Insert Command"按钮，此时出现如图 8.27 所示的当前工作窗口。

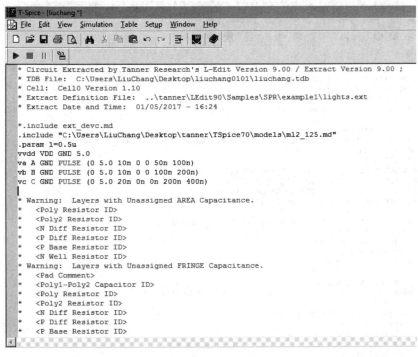

图 8.27　当前工作窗口

(9) 输入信号 D 设定。选择命令 Edit→Insert Command，在弹出对话框的列表框中选择 Voltage Source 选项。单击 Pulse 选项，在 Voltage source name 文本框中输入 vd，在 Positive terminal 文本框中输入 D，在 Negative terminal 文本框中输入 GND，在 Initial 文本框中输入 0，在 Peak 文本框中输入 5.0，在 Rise time 文本框中输入 0n，在 Fall time 文本框中输入 0n，在 Pulse width 文本框中输入 400n，在 Pulse period 文本框中输入 800n，在 Initial delay 文本框中输入 20n，如图 8.28 所示。

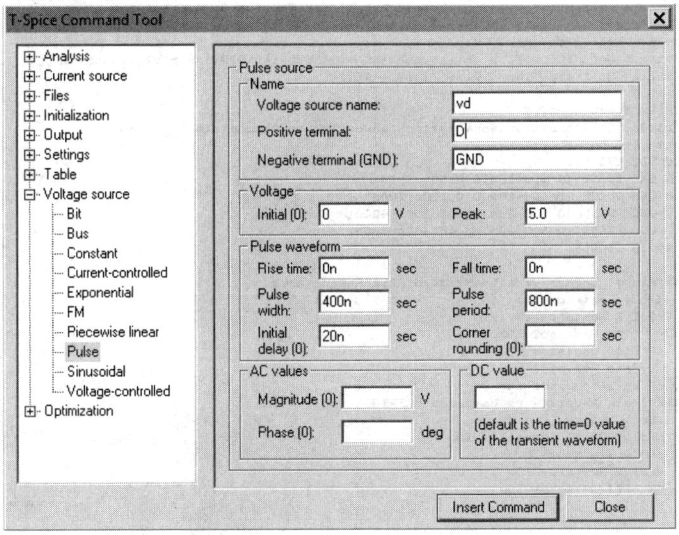

图 8.28　输入信号 D 设定

点击"Insert Command"按钮插入命令即可，此时出现如图 8.29 所示的当前工作窗口。

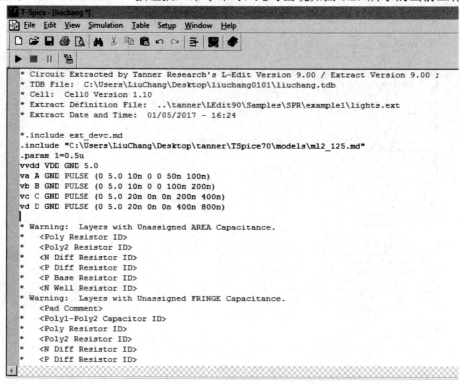

图 8.29　当前工作窗口

(10) 分析设定。点击"Insert Command"按钮，此时出现如图 8.30 所示的当前工作窗口。

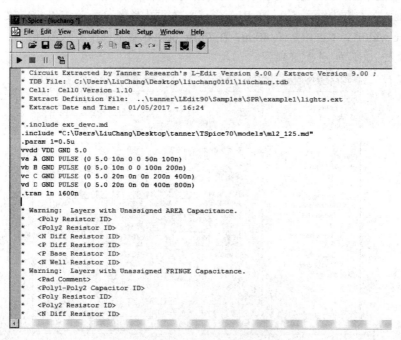

图 8.30　当前工作窗口

(11) 输出设定。选择命令 Edit→Insert Command，在弹出对话框的列表框中选择 Output 选项。单击 Transient results 选项，在 Node name 文本框中输入 F，点击"Add"按钮，接下来在 Node name 文本框中输入 D，点击"Add"按钮，再在 Node name 文本框中输入 C，点击"Add"按钮，然后在 Node name 文本框中输入 B，点击"Add"按钮，最后在 Node name 文本框中输入 A，点击"Add"按钮，如图 8.31 所示。

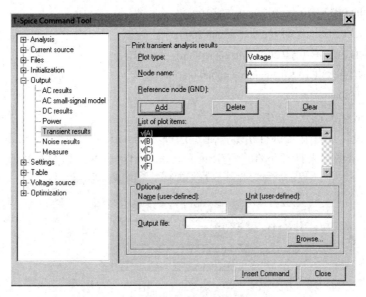

图 8.31　输出设定

点击"Insert Command"按钮，此时出现如图 8.32 所示的当前工作窗口。

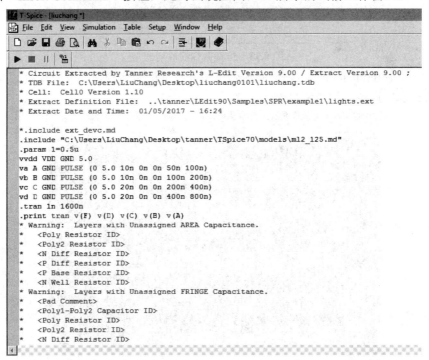

图 8.32　当前工作窗口

(12) 进行仿真。

CMOS 复合逻辑门版图的指令设定如下：

.include "C:\Users\LiuChang\Desktop\tanner\TSpice70\models\ml2_125.md"

.param 1=0.5u

vvdd VDD GND 5.0

va A GND PULSE (0 5.0 10n 0n 0n 50n 100n)

vb B GND PULSE (0 5.0 10n 0n 0n 100n 200n)

vc C GND PULSE (0 5.0 20n 0n 0n 200n 400n)

vd D GND PULSE (0 5.0 20n 0n 0n 400n 800n)

.tran 1n 1600n

.print tran v(F) v(D) v(C) v(B) v(A)

完成指令设定后，开始进行仿真。通过选择 Simulation→Start Simulation 命令，或者单击"▶"按钮图标来打开仿真运行(Run Simulation)对话框，如图 8.33 所示。

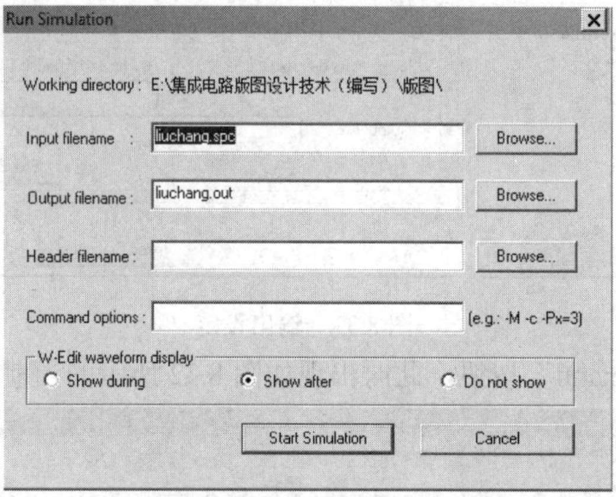

图 8.33　仿真运行的对话框

单击"Start Simulation"按钮，则会弹出仿真结果的报告窗口，并自动打开 W-Edit 窗口来观看仿真波形图，如图 8.34 所示。

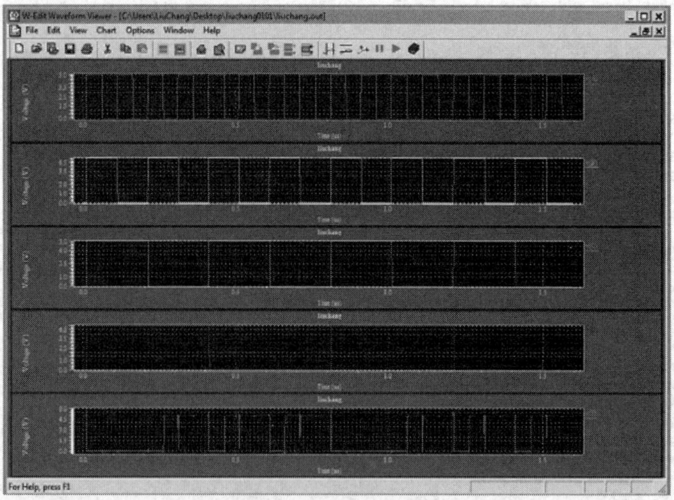

图 8.34　仿真波形图

8.5　LVS 验证

LVS 验证的具体步骤如下：

(1) 启动 LVS 编辑器。

(2) 建立文件。

(3) 另存文件。选择 File→Save As 命令，在文本框中输入文件名 liuchang_LVS 即可。

(4) 输入文件设定。在 Input 选项卡下，在 Layout 文本框中选择版图的输出网表文件，例如 liuchang.spc；在 Schematic 文本框中选择电路图的输出网表文件，例如 liuchang_tran.sp；如图 8.35 所示。

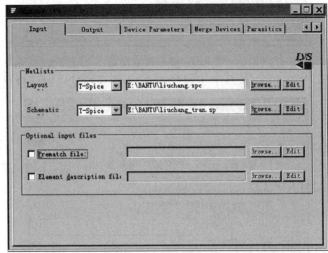

图 8.35　输入文件设定

(5) 输出文件设定。在 Output 选项卡下，在 Output file 文本框输入 liuchang.out，在 Node and element list 文本框输入 liuchang_tran.lst，并对如图 8.36 所示的复选对话框进行选择。

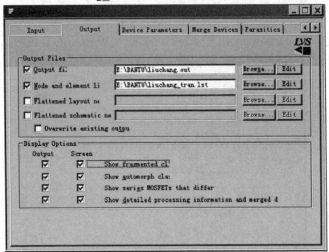

图 8.36　输出文件设定

　　(6) 器件参数设定。在 Device Parameters 选项卡下对如图 8.37 所示的复选对话框进行选择。

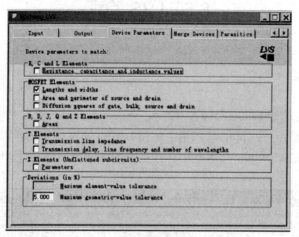

图 8.37　器件参数设定

　　(7) 选项设定。在 Options 选项卡下对如图 8.38 所示的复选对话框进行选择。

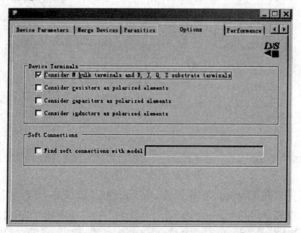

图 8.38　选项设定

　　(8) 模式设定。在 Performance 选项卡下对如图 8.39 所示的复选对话框进行选择。

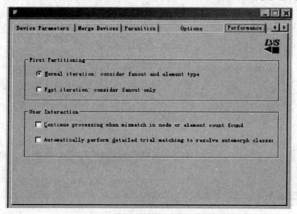

图 8.39　模式设定

(9) 执行对比。设定完成之后，开始进行版图输出网表文件.spc 和电路图输出网表文件.sp 的对比，选择 Verification→Run 命令可以进行对比。从对比结果可以得到，电路图和版图是相等的，说明 CMOS 复合逻辑门的版图设计是正确的。

知识小课堂

1971 年，Intel 公司成功地在一块 12 平方毫米的芯片上集成了 2300 个晶体管，制成了一款包括运算器、控制器在内的可编程序运算芯片，它被称为中央处理单元(CPU)，又称微处理器，这是世界上第一款微处理器——4004。此后，微处理器芯片的集成度一直遵循着"摩尔定律"在飞速发展。

1972 年，Intel 公司推出的 8008 微处理器上面集成了 3500 个晶体管；1974 年，8080 微处理器集成了 6000 个晶体管；1978 年，8086 微处理器集成了 2.9 万个晶体管；1982 年，80286 微处理器集成了 13.4 万个晶体管；1985 年，80386 微处理器集成了 27.5 万个晶体管；1989 年，80486 微处理器集成了 120 万个晶体管；1997 年 Intel 发布的奔腾 II 微处理器集成了 750 万个晶体管；1999 年，奔腾 III 微处理器集成了 2800 万个晶体管；2000 年，奔腾 4 微处理器集成了 4200

微处理器 4004

万个晶体管。目前 Intel 微处理器已经能够集成数亿个晶体管了！2008 年上市的 Intel 酷睿 2 四核 CPU，其晶体管的数量已达 8.2 亿个。

以现在的发展趋势看，今后将会有更多核的处理器问世。到 2016 年，处理器将采用 11 纳米生产工艺，处理器晶体管数量会达到 1280 亿个；预计到 2018 年，处理器将采用 8 纳米生产工艺，晶体管数量将达到 2560 亿个。

课后习题

简答题

1. 写出复合逻辑门 $F = \overline{AB + CD}$ 的真值表。

2. 画出 CMOS 复合逻辑门 $F = \overline{AB + CD}$ 的原理图模式和视图模式。

3. 使用 S-Edit 软件，上机练习 CMOS 复合逻辑门 $F = \overline{AB + CD}$ 原理图的绘制，并简述其流程。

4. 使用 L-Edit 软件，上机练习 CMOS 复合逻辑门 $F = \overline{AB + CD}$ 版图的绘制，并简述其流程。

5. 使用 T-Spice 软件，上机练习 CMOS 复合逻辑门 $F = \overline{AB + CD}$ 的仿真，并简述其流程。

附录　Tanner 快捷键

◆ Editing Operations

Key(s)	L-Edit Function
Ctrl + C, Ctrl + Ins	Copy selected objects to the paste buffer
Ctrl + X, Shift + Del	Cut selected objects to the paste buffer
Ctrl + V, Shift + Ins	Paste contents of paste buffer to the current cell
Alt + V	Paste contents of the paste buffer to active cell on currently selected layer
Ctrl + B, Backspace, Del	Delete selected objects
Ctrl + D	Duplicate selected objects
Ctrl + Z, Alt + Backspace	Undo last operation
Ctrl + Y	Redo last operation
Ctrl + A	Select all objects
Alt + A	Deselect all selected objects
Ctrl + F	Open the Find Object dialog
F	Find the next appearance of the defined object
P	Find the previous appearance of the defined object
Page Down	Push downward one level into an instance's cell to edit in place
Page Up	Pop upward one level out of an instance's cell to edit in place
End	Zoom to top cell when editing in place

◆ Viewing Operations

Key(s)	L-Edit Function
Space, Ctrl + Space	Redraw screen
Home	Fit view of active cell to current window
Z	Put mouse in zoom mode: • left button click zooms one level in, • left button drag creates a zoom box, • right button click zooms out one level
+	Zoom out

Key(s)	L-Edit Function
–	Zoom in
W	Zoom to fit only selected objects
X	Toggle between current and previous view
Left	Pan left
Right	Pan right
Up	Pan up
Down	Pan down
Shift + Left	Pan view to left edge of a cell
Shift + Right	Pan view to right edge of a cell
Shift + Up	Pan view to top edge of a cell
Shift + Down	Pan view to bottom edge of a cell
Ctrl + I, Tab	Toggle view of instance insides
S	Show insides of selected instances
D	Hide instance insides of selected instances
Alt + B	Show instance insides of leaf level cells only
Alt + L	Hide insides of leaf level cells only
F6, Ctrl + Tab	Switch to the next text, layout, or Design Navigator window
Ctrl + F6, Ctrl + Tab	Switch to the previous text, layout, or Design Navigator window
Q	Toggle ruler between absolute and relative coordinates

◆ Drawing Operations

Key(s)	L-Edit Function
Ctrl + Left	Nudge selected objects left an incremental amount (the default value is set in Setup > Design—Drawing)
Ctrl + Right	Nudge selected objects right an incremental amount (the default value is set in Setup > Design—Drawing)
Ctrl + Up	Nudge selected objects up an incremental amount (the default value is set in Setup > Design—Drawing)

Key(s)	L-Edit Function
Ctrl + Down	Nudge selected objects down an incremental amount (the default value is set in Setup > Design—Drawing)
R	Rotate selected objects 90° counter-clockwise
Ctrl + Left	Nudge selected objects left an incremental amount (the default value is set in Setup > Design—Drawing)
Ctrl + Right	Nudge selected objects right an incremental amount (the default value is set in Setup > Design—Drawing)
Ctrl + Up	Nudge selected objects up an incremental amount (the default value is set in Setup > Design—Drawing)
Ctrl + Down	Nudge selected objects down an incremental amount (the default value is set in Setup > Design—Drawing)
R	Rotate selected objects 90° counter-clockwise
Ctrl + Left	Nudge selected objects left an incremental amount (the default value is set in Setup > Design—Drawing)
Ctrl + Right	Nudge selected objects right an incremental amount (the default value is set in Setup > Design—Drawing)

◆ Cell Operations

Key(s)	L-Edit Function
N	Create a new cell
O	Open an existing cell
C	Copy the active cell
T	Rename the active cell
B	Delete the active cell
I, Ins	Instance the active cell

◆ BPR Operations

Key(s)	L-Edit Function
F11	Switch to next routing layer
F12	Switch to previous routing layer
Shift + X	Select signal X routing layer
Shift + Y	Select signal Y routing layer

◆ DRC Error Navigator Operations

Key(s)	L-Edit Function
F2	Open the DRC Error Navigator
. (period)	Display the next DRC error
. (comma)	Display the previous DRC error
F4	Refresh DRC results
F5	Open the DRC Error Navigator Options dialog
F3	Load a Calibre® DRC Results Database

参 考 文 献

[1] 王颖. 集成电路版图设计与 Tanner EDA 工具的使用[M]. 西安：西安电子科技大学出版社，2009.

[2] 塞因特(Saint C). 集成电路掩模设计[M]. 北京：清华大学出版社，2006.

[3] 陆学斌. 集成电路版图设计[M]. 北京：北京大学出版社，2012.

[4] 施敏. 半导体器件物理[M]. 西安：西安交通大学出版社，2008.

[5] 廖裕评. Tanner Pro 集成电路设计与布局实战指导[M]. 北京：科学出版社，2007.

[6] 施敏. 半导体器件物理与工艺[M]. 苏州：苏州大学出版社，2002.